# 中国热带地区

吕宝乾 卢 辉 王树昌 主编

## 草地贪夜蛾

### 监测与绿色防控技术

中国农业科学技术出版社

图书在版编目（CIP）数据

中国热带地区草地贪夜蛾监测与绿色防控技术/吕宝乾，卢辉，王树昌主编. --北京：中国农业科学技术出版社，2023.7
ISBN 978-7-5116-6374-0

Ⅰ.①中… Ⅱ.①吕… ②卢… ③王… Ⅲ.①热带—草地—夜蛾科—病虫害预测预报—中国②热带—草地—夜蛾科—防治—中国 Ⅳ.①S449

中国国家版本馆CIP数据核字（2023）第137452号

责任编辑 李 华
责任校对 李向荣
责任印制 姜义伟 王思文

出 版 者 中国农业科学技术出版社
　　　　　 北京市中关村南大街12号 邮编：100081
电　　话 （010）82109708（编辑室） （010）82109702（发行部）
　　　　　 （010）82109709（读者服务部）
网　　址 https://castp.caas.cn
经 销 者 各地新华书店
印 刷 者 北京建宏印刷有限公司
开　　本 185 mm×260 mm 1/16
印　　张 9.25
字　　数 161千字
版　　次 2023年7月第1版 2023年7月第1次印刷
定　　价 78.00元

# 《中国热带地区草地贪夜蛾监测与绿色防控技术》
## 编委会

唐真正（儋州市农林科学院）

金化亮（漳州市英格尔农业科技有限公司）

齐国君（广东省农业科学院植物保护研究所）

杨石有（红河学院）

杨　磊（海南大学）

金铁林（广州瑞丰生物科技有限公司）

胡秀筠（江西新龙生物科技股份有限公司）

占军平（江西新龙生物科技股份有限公司）

闫三强（海南大学）

刘　卓（贵州大学）

石佳艳（贵州大学）

宋瑶瑶（华中农业大学）

陈玉莹（黑龙江八一农垦大学）

王秀婷（海南大学）

徐　维（贵州大学）

沈绍运（云南农业大学）

田佳欣（贵州大学）

顾福雄（贵州大学）

程春喜（福建农林大学）

田昕遥（中国农业大学）

万　鹏（海南大学）

林南方（海南大学）

黄佳豪（黑龙江八一农垦大学）

钟宇晴（海南大学）

张　旭（山东农业大学）

匡富萍（海南大学）

周晓娟（海南大学）

# 前　言

草地贪夜蛾（*Spodoptera frugiperda*）属于鳞翅目夜蛾科害虫，是一种世界性的迁飞害虫，具有迁飞速度快、适生区域广、繁殖能力强、危害程度高、防控难度大等特点。草地贪夜蛾原产于美洲热带和亚热带地区，2016 年首次入侵到非洲中部和西部地区，之后迅速扩散到非洲的其他国家和地区，导致当地大面积玉米受灾。草地贪夜蛾自 2019 年初进入我国云南以来，迅速扩散到国内多个省（区、市），对我国农业生产造成巨大威胁。草地贪夜蛾分为两种生态型，一种是玉米型，另一种是水稻型，入侵我国的草地贪夜蛾为玉米型。草地贪夜蛾从玉米苗期至成熟期均可取食危害，造成玉米大量减产甚至绝收。

我国的热带地区位于南北纬 23°26′ 之间，涉及的地区有海南、广西、广东、云南、福建和台湾的部分区域，热带地区是我国南繁玉米育种及冬季鲜食玉米种植基地。以海南为例，南繁种植区位于三亚、乐东和陵水，主要为育种栽培区，种植时间为 9 月到第二年 4 月；东方是海南冬季玉米种植面积最大的市，日照充足，年均气温在 24 ~ 25℃，为甜玉米的生长提供了良好的自然条件，一般以冬、春种植为主，多数区域为两季玉米种植；儋州和海口种植玉米的品种多为水果玉米且冬季种植较多。由于热带地区育种和制种规模大幅度扩张及种苗引入的不断增加，给病虫疫情的传播带来了极大的风险，加之鲜食甜玉米种植被大力推广，因此，监测和防控热带地区草地贪夜蛾发生情况尤为重要，若监控不当，不仅影响当地玉米的产量，还会危害大批优异种质资源和良种繁育，为种业安全留下隐患。

本书紧紧围绕我国热带地区草地贪夜蛾监测与绿色防控技术的实际需求，以目前草地贪夜蛾的监测预警、理化诱控、生物防治、生态调控、科学用药等最新技术为切入点，以绿色防控为目标，详细介绍了草地贪夜蛾的概况、热带地区的发生规律、监测技术、应急防治、生物防治及综合防控措施等，以期为热带地区草地贪夜蛾监测与防控提供技术与智力支撑。本书主要面向我国热带地区农业技术推广人员、种植户及农资公司销售人员，亦可供大专院校、科研单位等相关人员参考。

本书的编写得到了国家重点研发计划（2021YFD1400705、2021YFD1400702、2021YFD1400701）、农业农村部"农作物病虫鼠害疫情监测与防治"项目（102125201630040009001）、海南省国际科技合作研发项目（GHYF2022002）、海南省重大科技计划项目（No. ZDKJ202002、No. ZDKJ201901）的支持。在本书编写过程中，参考并引用了一些学者的意见和观点，限于篇幅，不能一一列出，谨此致谢！

编　者

2023 年 5 月

# 目　录

# ① 草地贪夜蛾概况

## 1.1 分类地位

草地贪夜蛾［*Spodoptera frugiperda*（Smith）］，也称秋黏虫、行军虫、草地夜蛾，属于鳞翅目夜蛾科灰翅夜蛾属，是一种世界性害虫，原产于美洲热带和亚热带地区，后广泛分布于美洲大陆，自 2016 年起，仅 3 年时间就入侵了非洲、亚洲的 50 多个国家和地区，2019 年首次在我国云南江城被发现，目前已扩散到河南、山东、内蒙古、河北等地，可危害玉米、高粱、水稻等 350 余种植物，属杂食性昆虫，其取食部位及危害程度与作物的种类、生育期以及幼虫的龄期密切相关，给农林生产安全带来巨大威胁。

## 1.2 形态特征

草地贪夜蛾是全变态昆虫，生命周期包括卵、幼虫、蛹和成虫 4 个虫态。

卵：卵粒为圆顶形，在顶部中央有显著的圆形点，底部扁平，直径约为 0.4mm，高度约为 0.3mm，卵粒 100 ～ 200 粒堆积在一起，形成单层或多层的块状。在刚产的时候，卵粒为浅绿色或者白色，在后期孵化时为褐色，其覆毛卵块整体为灰粉色或浅灰色，毛状物似霉层，或疏或密，毛状物来源于雌性腹部的鳞毛。

幼虫：

1 龄幼虫：初孵幼虫灰色，头部有光泽，体长约 1mm。头部褐色，宽 0.3 ~ 0.4mm，体表具附着黑色刚毛的小黑点。背线、亚背线与气门线模糊，前胸盾形骨片黑色，中胸节与后胸节背面小黑点排成一列。无足腹节腹面均具有 1 排小黑点。胸足黑色，腹足灰色，1 ~ 4 腹足趾钩数一般为 5 ~ 6 个，臀板灰色。幼虫孵化后吃掉卵壳，随后吐丝下垂分散取食玉米幼嫩部位。随着幼虫取食，体长逐渐增加至 2.5mm 左右。体色随取食寄主植物的不同组织而变化，如取食喇叭口期玉米的 1 龄幼虫为淡黄色或黄绿色。此时无自残习性，可聚集危害。

2 龄幼虫：体长 3 ~ 6mm，头变成褐色或黑色，额面部的脱皮线与背中线组成倒"Y"形纹（亦称"八万"纹），此时"Y"形纹不明显，宽约 0.5mm。背线、亚背线与气门线明显，为白色；腹部的气门线和气门上线大部分都是红棕色的条纹，7 ~ 9 腹节比较深。第 1 个腹节气门的上面和后面都有一个黑色的小点。上面是一个更大的黑点，上面还有一些棕红色的斑点。随着体长的增大，前胸的盾形骨与头部分开，在第 1 胸节的侧面，在头部附近，有 3 个垂直排列的气囊，在尾部，有 3 个没有刚毛的小黑点。胸足黑色，腹足的基部灰色，第 1 ~ 4 腹足趾有 8 ~ 10 个钩子，臀部灰黑色。

3 龄幼虫：体长 6 ~ 11mm，背面体色绿色或褐色，腹面为白色。头壳褐色或黑色，宽约 0.8mm。头部蜕裂线与傍额片为淡白色或淡黄色，形成明显的"Y"形纹；头壳两侧开始出现网状纹。背线、亚背线和气门线呈白色，在每条线的周围可见零星的红棕色斑点。3 个小黑点在第 1 胸节处在接近头部的位置消失。腹部气门线上有红棕色的斑点。胸足为黑色，腹足为灰色，第 1 ~ 4 腹足趾有 10 ~ 14 个钩子，臀部灰黑色。

4 龄幼虫：体长在 12 ~ 20mm，身体颜色为绿色到棕色，头部壳为黑棕色，宽度为 1.2mm，甲壳两边有明显的网状条纹及"Y"形条纹，为白色。背线、亚背线及气门线呈白色或浅黄色，气门线至气门下线呈浅红色、浅棕色。气门线、背线间浅绿色中夹有棕红色，背侧线间浅绿色、灰绿色中夹杂着棕红色及棕黄色，腹部体节间的棕红色斑点已无。胸足为黑色，足底为灰色，腹足第 1 ～ 4 节有 11 ～ 15 个指钩，臀足黑色。

5 龄幼虫：体长 20 ～ 35mm，身体呈棕色或黑色。头壳呈棕色或黑色，宽度 2.0mm 左右，有显著的白色"Y"形条纹，头壳的网状条纹从头部一直到蜕裂线。背线、亚背线、气门线呈浅黄色，横贯胸、腹的各个部位。背侧线中间的棕红色中夹杂着白色、灰色、绿色；从背侧线到气门线的中间有一条灰绿色的条纹，中间有一条白色的条纹；气门线和气门下线的中间部分是红棕色，中间夹着白色。在第 1 胸节处，在接近头部的地方，可见 3 个红棕色的气门片，3 个黑色的小点。胸足为浅黄色，第 1 ～ 4 腹足趾有 17 ～ 18 个钩子。

6 龄幼虫：体长 35 ～ 45mm，以棕色为主。头壳呈棕黑色，有显著的网状条纹和"Y"形条纹，宽度 2.8mm 左右。背线、亚背线、气门线呈淡黄色。背侧线中间的部位呈红棕色，中间有白色的斑点。从气门线到背侧线的灰绿色中夹杂着红棕色、白棕色。气门线有红、白两种颜色。胸腹节间、两个腹足间、胸体节后部等部位，分布着许多小黑点，它们排列整齐。成熟的幼虫停止进食后，便从危害部位转移到地表，在地下筑蛹室进行化蛹。

蛹：蛹是被蛹，为长椭圆形，体长 14 ～ 18mm，胸径宽 4.5mm。最初的蛹是白色的，后变成红褐色和黑褐色。腹部末节具两根臀棘，臀棘基部较粗，分别向外侧延伸呈"八"字形，臀棘端部无倒钩或弯曲。

成虫：成虫具雌雄二型现象，成虫体色多变，从暗灰色、深灰色到淡黄褐色，体粗壮，翅展 32 ～ 40mm；雄虫前翅长 10.5 ～ 15mm，雌虫前翅长 11 ～ 18mm。前翅灰褐色至鼻烟色，翅基部没有黑色线或棒。

雄蛾前翅为黄褐色，翅尖角内有白斑，翅中肾形花纹的内侧有一清晰的白楔形花纹；雌蛾的前翼为棕色，翼面中央有黄褐色轮廓线的环状纹和肾形纹。雌、雄成虫的后翅都是白色的，在其顶部的角部向外延伸出一条狭长的棕色条纹；雄性生殖器官的抱器瓣极宽，近矩形，抱器腹突起较短；抱器后部的突起狭窄，伸长，笔直，呈斜向倾斜；抱器内部略微弯曲；阳茎轭片底部凹入，背面凸出，雌性生殖器交配孔的腹部高度比其宽度大得多；第8腹板上的腹侧囊缺失。交配时的囊管很短（长小于2倍宽）。尾部有部分骨质。球形的囊体，长小于2倍宽，有条形。交配囊在囊体的下半基部；短，长度不到0.65mm；与囊体纵轴线的顺时针角度为30°～45°。

## 1.2.1 与黏虫、棉铃虫形态特征区别

草地贪夜蛾卵呈圆顶形，底部扁平，单层或多层堆积成块状，多产于叶片正面；头部青黑色、橙黄色或红棕色，高龄幼虫头部有白色或浅黄色"Y"形纹，体色淡黄色、橄榄绿、褐色、棕色、暗灰色或黑色，各腹节背面有4个长有刚毛的黑色或黑褐色斑点；第8、9腹节背面的斑点明显大于其他各节斑点，第8腹节4个斑点呈正方形排列，刚毛长度中等，蛹腹部末端有1对短而粗壮的臀棘，棘基部稍粗，分别向外侧延伸呈"八"字形，臀棘端部无弯曲。第2～7腹节气门呈椭圆形，开口向后方，围气门片黑色，第8腹节两侧气门闭合；成虫体色灰褐色，雌蛾前翅褐色或灰色和棕色的杂色，具环形纹和肾形纹，轮廓线黄褐色；雄蛾灰棕色，有淡黄色、椭圆形的环形斑，肾形斑不明显，环形斑下角有一白色楔形纹，后翅外缘有一明显的近三角形银白色斑，有闪光，边缘有窄褐色带。

黏虫卵呈馒头形，卵块无绒毛，聚集成条块状，多产于发干而卷缩的枯叶尖内，有时也产于穗部苞叶或玉米雌穗的花丝等部位；幼虫头部黄褐色至淡红褐色，有明显的网状纹和"八"字纹；幼虫体色多变，背面底色有黄褐色、淡绿色、黑褐色至黑色；密度大时，体色较深，体表有5条纵纹，背中线白色，边缘有细黑线，两侧各有2条纵带，上方1条红褐色，下方1条白色、黄褐色或近红褐色。腹足外侧具有黑褐色斑；蛹腹部背面第5～7节近前缘处各有一列马蹄形刻点，刻点中央凹陷。腹部末端有3对臀棘，中央1对粗直而强大，顶端卷曲；两侧2对细小弯曲；雌蛾前翅黄褐至灰褐色，中室中央及端处有2个淡黄色的环形纹和肾形纹，肾形纹下方有一同色的亚肾纹；中室下角有一明

显小白点，其两侧各有 1 个小黑点，缘线由 7 ~ 10 个小黑点组成，缘毛灰褐色；雄蛾前翅同雌蛾体色较深；后翅银灰色，基部淡灰色，外缘部分黑灰色。

劳氏黏虫呈馒头形，卵块无覆毛，聚集成条块状，多产在叶片正面、叶鞘或叶鞘与茎秆的夹缝中；幼虫头暗褐色，有粗大的黑褐色"八"字纹，唇基有一黑褐色斑；体表具黑白褐等色的纵线 5 条，背线两侧有暗黑色细线；气门上线与亚背线之间呈赭褐色，气门线和气门上线之间区域土褐色，气门线下沿至腹部上缘区域浅黄色。蛹腹部背面第 4 ~ 7 节近基缘处各有一列马蹄形刻点，刻点中央凹陷。腹部末端有 3 对臀棘，中央 1 对棘稍弯向腹面，两根棘基部着生间距较黏虫大，伸展呈"八"字形，基部粗，向端部逐渐变细，顶端不卷曲；两侧 2 对棘细小弯曲；雌蛾前翅无环形纹和肾形纹，中室下角有一小白点，中室基部有一暗褐色条纹。前翅顶角有一三角形暗褐色斑；缘线也为一系列黑点，缘毛灰褐色；雄蛾前翅同雌蛾，后翅与黏虫相似。

棉铃虫椭球形，卵块无覆毛，散产，主要产卵于花丝和雌穗位上的叶片、叶鞘上；幼虫头黄褐色，有褐色网状斑纹，头部有浅色"八"字纹，体色多变，幼虫体表无光泽，密生长而尖的小刺，毛瘤明显；身体背面具多条纵带，其中背中线明显成双线，气门线和气门上线清晰，两前胸侧毛基部连线穿过气门，或与气门下缘相切；蛹腹部第 5 ~ 7 节的点刻稀而粗大。腹末臀棘 1 对，细直而长，棘的基部分开，顶端卷曲。围孔片呈筒状突起较高，腹部第 5 ~ 7 节的背面和腹面的前缘有 7 ~ 8 排较稀疏的半圆形刻点；雌蛾前翅斑纹和横线模糊，外横线有深灰色宽带，带上有 7 个小白点，肾形纹和环形纹暗褐色；雄蛾前翅多灰绿色，后翅斑纹同雌蛾，后翅灰褐色，沿外缘有黑褐色宽带，宽带内侧没有平行的细线。

## 1.2.2 与斜纹夜蛾形态特征区别

卵：草地贪夜蛾与斜纹夜蛾产卵方式均为块状，但斜纹夜蛾每块卵平均卵量在 350 粒左右，明显多于草地贪夜蛾，二者初产卵粒均为绿色，卵块均覆盖一层鳞毛保护卵粒，但斜纹夜蛾卵块覆盖鳞毛较密且厚。

幼虫：

1 龄幼虫：二者初孵幼虫均为灰色，体长均在 1mm 左右，取食后体色逐渐变浅，体长增加至 2.5mm 左右，且体表黑点分布相似，头部均为褐色或黑褐色，头壳大小相近，不易区分。

2 龄幼虫：斜纹夜蛾在第 1 腹节气门上侧的黑褐色斑点较大，褐色向背面和腹面延伸，而草地贪夜蛾第 1 气门上侧斑点为黑色，不向两侧延伸。草地贪夜蛾腹部气门线附近有红棕色块状斑纹，而斜纹夜蛾没有。二者头壳颜色差异较大，草地贪夜蛾一般为黑褐色或黑色，斜纹夜蛾为浅褐色。

大龄幼虫：二者 3 ～ 6 龄幼虫差异明显。主要表现在斜纹夜蛾 3 龄幼虫腹部第 1 腹节前半部有 1 黑色横纹贯穿两侧气门线，4 龄在背线处断开；斜纹夜蛾 4 ～ 6 龄幼虫背线为橙黄色，亚背线、气门线均为黄色，亚背线内侧各体节均有 1 对三角形黑色斑纹，第 1 腹节和第 8 腹节较大且颜色较深，斜纹夜蛾气门线上侧均具有黑色斑纹。此外，斜纹夜蛾幼虫自相残杀习性不明显，可群居危害。

蛹：二者均为被蛹，气门明显，呈椭圆形，围气门片黑色，但草地贪夜蛾围气门片颜色更深。斜纹夜蛾蛹体色较深，体长 20mm 左右，大于草地贪夜蛾。斜纹夜蛾臀棘较长，且具有弯曲或倒钩，而草地贪夜蛾蛹臀棘没有弯曲或倒钩。

成虫：斜纹夜蛾雌、雄成虫翅展 33 ～ 42mm，大于草地贪夜蛾。草地贪夜蛾雄成虫与斜纹夜蛾雄成虫较难区分，草地贪夜蛾前翅环形纹为褐色，颜色比斜纹夜蛾深；斜纹夜蛾胸部两侧靠近翅基的部位各有一撮黑色鳞毛和大块淡黄色或白色鳞毛，而草地贪夜蛾则没有；草地贪夜蛾前翅外横线、中横线不明显，斜纹夜蛾则较明显；斜纹夜蛾前翅外横线与中横线之间靠近后缘的褐黄色斑纹明显，而草地贪夜蛾没有；斜纹夜蛾外横线内侧有剑状纹，而草地贪夜蛾没有；草地贪夜蛾后翅外缘内侧的灰色线条延伸至 Cu2 脉，而斜纹夜蛾则延伸至 A 脉。

### 1.2.3 与几种夜蛾科害虫形态特征区别

草地贪夜蛾自外缘经圆形斑至中室有 1 条淡黄色斜纹；前翅顶角向内有 1 个三角形的白斑；后翅白色；雄性外生殖器抱器瓣几乎呈方形，阳茎端基环骨化程度弱。

斜纹夜蛾圆形斑斜向后缘常形成 1 条黄白色斜纹，斜纹短，不达翅缘前翅；前翅顶角无明显特征；后翅基部灰白色，端部 1/3 黑褐色；雄性外生殖器抱器瓣末端呈棒状。

甘蓝夜蛾没有斜纹；前翅顶角无明显特征；后翅基部淡褐色，端部暗褐色；雄性外生殖器抱器瓣末端呈深褐色。

陌夜蛾在前翅的圆形斑和肾形斑之间有 1 灰白斜纹；前翅顶角无明显特征；后翅基部淡褐色，端部暗褐色；雄性外生殖器抱器瓣呈肘状弯曲。

## 1.3 地理分布

草地贪夜蛾是起源于美洲热带和亚热带地区的一种蛾类，广泛分布于美洲。近年来，随着全球化，交通越发便利，草地贪夜蛾已大面积传播扩散开来。2016 年 1 月，非洲首次报道发现草地贪夜蛾。非洲南部地区直到撒哈拉沙漠一带都是草地贪夜蛾适生区，同时草地贪夜蛾成虫自身迁飞能力强，每晚能在百米高空定向迁飞上百千米，在非洲大陆季风气候的帮助下，迅速在非洲大陆上扩散传播。截至 2018 年 1 月，仅两年草地贪夜蛾就已扩散到撒哈拉以南的 44 个非洲国家，并且出现了水稻品系的草地贪夜蛾。2018 年 7 月中旬，印度卡纳塔克邦州的希莫加地区首次鉴定发现草地贪夜蛾，这也是草地贪夜蛾首次出现在亚洲大陆上。随后数月草地贪夜蛾迅速扩散，先后被确认入侵泰国、斯里兰卡、孟加拉国、缅甸。于 2019 年 1 月 12 日，我国调查组首次在云南确定草地贪夜蛾已入侵我国开始危害。如今草地贪夜蛾已对亚洲地区粮食生产形成极大的威胁。

我国部分省（市）地处亚热带地区，同时广西、海南等部分地区属于热带地区，气候温暖、植物种类丰富，正是草地贪夜蛾的适生区。草地贪夜蛾入侵我国后，可在这些地区周年繁殖，定殖成为向全国扩散的虫源。有研究预测，中国热带和南亚热带地区草地贪夜蛾后代成虫将主要朝东北方向迁飞。对海南地区进行分析，该地迁出的草地贪夜蛾大部分也朝东北方向飞行，广东、广西为其春、夏季的主要降落区，而湖南、江西、福建、湖北、安徽与江苏等为波及区。针对我国大陆地区，长江以南地区将是草地贪夜蛾在春、夏两季北迁的必经之地和降落的主要地区，如连续迁飞 2 个夜晚，便可直接入侵长江以北至黄河以南地区。每年 6—7 月为西南季风最强时期，草地贪夜蛾连续飞行 3 个夜晚可迁入黄河以北至内蒙古与东北南部的广大地区。

玉米是草地贪夜蛾定殖我国云南的首选寄主植物，也是云南的主要农作物，常年种植面积为 153.3 万 hm²，且一年四季都有种植。广西常年玉米播种面积超过 53.3 万 hm²，西部与中部种植面积较多且品种类型多样，春玉米占总玉米种植面积的 75% 以上，播种期在每年 2—3 月。广东全年均可种植玉米，2016 年玉米种植面积超过 18 万 hm²，甜玉米占种植面积的 89% 以上。海南也是我国在冬季适宜玉米生长的地区，鲜食玉米种植面积超过 2.67 万 hm²。因此，我国热带和南亚热带地区的玉米可为草地贪夜蛾的种群发展和大量繁殖提供丰富的寄主条件。作为世界第二大玉米生产国，中国玉米集中分布在"西南—华北—东北"地区。其中，东北是我国春玉米主产区，黄淮海平原盛产夏玉米，将成为我国草地贪夜蛾种群繁殖、迁飞与再定殖的绝佳栖境。

# 1.4　寄主植物

草地贪夜蛾是一种多食性害虫，寄主广泛，能够取食超过 350 余种植物，

草地贪夜蛾概况

包括禾本科、豆科、茄科、菊科等植物，最常取食玉米、水稻、高粱、棉花、苜蓿、甘蔗等。大多数多食性昆虫对植物物种表现出独特的偏好。这种偏好可能由生理、生化以及生态因素决定，并且这种偏好会随昆虫的繁衍遗传继承下去，因此，不利栖息地的种群比适宜栖息地的种群产生的存活后代更少。在没有偏好寄主植物的环境下，昆虫被迫定殖在其他寄主植物上。昆虫取食不同寄主植物时其幼虫的生长发育和成虫产卵偏好均有不同，且不同寄主植物还可能会影响昆虫体内一些生理指标。

根据性信息素成分、交配行为以及寄主植物范围的不同，目前草地贪夜蛾分为两种品系，第一种品系是玉米株系，倾向于以玉米和高粱为食；第二种品系是水稻株系，倾向于以水稻和杂草为食。姜玉英（2019）等报道了草地贪夜蛾在玉米上的主要危害症状，发现草地贪夜蛾喜欢取食幼嫩玉米植株，低龄幼虫通常隐藏在叶片背面和心叶取食，取食后形成半透明薄膜"窗孔"；低龄幼虫还会吐丝，借助风扩散转移到周边的植株上继续危害；4～6龄幼虫对玉米的危害更为严重，取食叶片后形成不规则的长形孔洞，可将整株玉米的叶片取食光，严重时可造成玉米生长点死亡，影响叶片和果穗的正常发育；高龄幼虫（4～6龄）还会危害雄穗和果穗，6龄危害最为严重。

Jing et al.（2020）、徐丽娜等（2019）利用 *CO* I 和 *Tpi* 两个基因片段对采自我国多个省份的草地贪夜蛾样品进行检测，虽然各地结果有所不同，但基于我国13个省（区、市）的318份草地贪夜蛾样品的基因片段检测和103份样品的重测序分析，最终推断入侵我国的草地贪夜蛾是由水稻型母本和玉米型父本两种生物型杂交演化而来，是玉米品系核基因组占主导地位的特殊的玉米品系。因此，在我国，玉米是草地贪夜蛾最嗜好的寄主植物。姜玉英等（2019）通过对全国各地寄主植物调查发现，草地贪夜蛾除危害玉米以外，也危害甘蔗、高粱、谷子、小麦等15种作物以及皇竹草、马唐、牛筋草、苏丹草4种禾本科杂草。此外，又在冬粉薯、青稞、燕麦、糜子、莲藕、穇子6种作物和筒轴茅、稗草和青葙3种杂草上发现其幼虫危害。而在草地贪夜蛾生命表和产卵选择性试验中发现测试的大多数寄主植物，如大麦、小麦和燕麦、小葱和洋葱、薏米和荞麦、花生、马唐等都是其适宜寄主植物。虽然与玉米相比，烟草、大豆等作物不是草地贪夜蛾最适寄主植物，但草地贪夜蛾可以在其上完成生命周期，因此在没有玉米等偏好寄主存在的前提下，草地贪夜蛾可能对多种作物构成潜在威胁。

# 1.5　发生和危害情况

## 1.5.1　发生情况

农作物病虫害是威胁粮食等主要农作物稳产高产的重要障碍因素，据联合国粮食及农业组织估算，全世界每年因病虫害造成的农作物产量损失高达40%（Bradshaw et al., 2016）。近年来，我国农作物病虫害发生危害居高不下，成灾概率增加，据全国农业技术推广服务中心统计，2021年，全国累计实施农作物病虫害防治面积近80亿亩[①]次，累计挽回粮食损失2 500多亿斤（1斤=0.5kg）（http://www.people.com.cn/n1/2022/0210/c32306-32349185.html），而草地贪夜蛾作为近年来新入侵危害物种，全国农技中心病虫害测报处初步统计，草地贪夜蛾在云南、广东、海南、广西、四川、贵州6省（区）113个县（市、区）查见幼虫，当前发生面积近50万亩，累计发生面积60.8万亩，玉米和小麦分别发生58.9万亩和1.9万亩，累计防治面积170.4万亩。

海南全省玉米种植面积为2.99万hm²。其中，冬、春玉米种植面积为2.75万hm²，占全省总面积的92%；夏玉米种植面积为1 340hm²，占总种植面积的4.87%；秋玉米种植面积为1 040hm²，占种植总面积的3.34%（张曼丽等，2022）。海南是草地贪夜蛾的周年繁殖区，全年均可发生危害，海南的三亚、陵水、乐东等地有我国重要的南繁育种基地，据调查，草地贪夜蛾已在三地大量

---

①　1亩≈667 m²，1 hm²=15亩，全书同。

南繁玉米育种基地发生危害，影响我国南繁种业的安全（唐继洪等，2022）。据报道草地贪夜蛾在海南省已累计发生7 417亩，在琼海、昌江、东方、乐东、定安、澄迈、万宁、陵水、临高、琼中、三亚11个市（县）见虫。当前发生面积4 758亩，百株虫量为3～10头，被害株率为2%～11%。卢辉等（2021）对海南各地草地贪夜蛾进行冬季调查，表明在不同地区草地贪夜蛾幼虫发生程度不同，虫态以3龄幼虫所占比例最高，东方和三亚众多地方发生危害较为严重，尤其是玉米育种基地三亚南繁区，而海口和儋州发生危害较轻，总体而言，相较于海南南部，海南西部、北部发生较轻。而张曼丽等（2022）研究揭示了草地贪夜蛾幼虫不同季节在玉米田发生密度大小通常为秋季＞夏季＞冬季＞春季，幼虫发生面积大小为冬季＞春季＞夏季＞秋季。据调查，草地贪夜蛾危害偏向于玉米苗期、小喇叭口期和大喇叭口期，植株受害率分别为15.59%、13.16%和12.67%，抽雄期后危害显著减少。

## 1.5.2 危害情况

草地贪夜蛾食性较广，可以取食80多种作物，在海南主要危害的作物为玉米，也取食莪术、高粱和甜高粱（张曼丽等，2022）。通常在其生殖阶段没有发现损害，其幼虫多见于玉米植株的叶片上，优选以叶子为食，破坏植物的生长点（Pashley，1986），有时候幼虫也啃食茎秆甚至穗，可以"切"根的形式危害幼苗造成苗期作物的死亡；往往初龄幼虫会刮掉叶子上的绿色组织，只留下另一侧的膜性表皮完好无损，而年长的幼虫会在叶子上开窗洞，使得叶片镂空掉落；4～6龄幼虫在严重的侵扰下摧毁整个植物；高龄幼虫（4～6龄）一般局限于植物的隐蔽区域，玉米中心螺旋部分，并贪婪地进食，引起玉米整株外观参差不齐、骨架化的独特症状。此外，在其生活的中心螺旋部分以块状形式沉积的潮湿锯末样粪便物质（包含唾液、咀嚼的叶子部分、颗粒排泄物等）是这种入侵物种所造成的最奇特和最明显的损害玉米的特征。李晓萍（2022）研究表明，当其在受到天敌攻击时虫体会进入假死状态，脱离危险后会再次苏醒危害玉米作物。抽雄期后，虫体逐渐从叶片转移至雄穗，影响玉米授粉。受危害的玉米植株支离破碎，腐烂枯死，最后导致玉米绝收，并且玉米喇叭口为其提供"居住场所"以进行生长发育繁殖，进一步危害其他玉米植株。

## 1.5.3 在海南莪术上的发生与危害

莪术（*Curcuma phaeocaulis*）为姜科、姜黄属多年生草本植物，是一种传统的中药材，主要在我国四川、广西、云南、广东等地种植。株高 80～150cm，根茎浅黄色，圆柱状，具樟脑般香味；叶片长圆状披针形，中部常有紫斑；根茎一般供药用，主要有行气破血、消积止痛的功效。莪术在海南总种植面积约为 267hm²，主要分布于临高、澄迈和海口等市（县）。2020 年 6 月至 2021 年 6 月，连续两年在海南福山的莪术种植基地发现害虫，造成局部损失，经鉴定确认为草地贪夜蛾，这是首次在海南发现草地贪夜蛾危害莪术。对草地贪夜蛾在莪术上的发生情况、危害特点及生长环境展开调查，以期为开展多种作物上草地贪夜蛾监测和防治工作提供依据。

莪术在海南种植面积较小，目前仅在海口、澄迈及临高等市（县）少量种植。种植面积最多的是临高县博厚镇透滩村，有 61hm²，种植面积最少的是临高县加来镇，仅 9hm²。莪术种植区草地贪夜蛾受害最严重的是澄迈县福山镇福海庄园，受害最轻则是海口市三门坡镇加有村。

### 1.5.3.1 莪术上草地贪夜蛾发生危害特点

莪术叶片受害后形成大小不规则孔洞和排孔（图 1–1a），可将整株莪术的叶片取食光，此外，观察发现部分叶片的叶肉组织形成典型的薄膜状"窗孔"（图 1–1b），应该为低龄幼虫取食所致。调查时间为高温、强光的中午，多数幼虫钻蛀在心叶中取食，导致幼茎被咬断（图 1–1c）。植株受害后，整株表现出明显缺刻（图 1–2）。

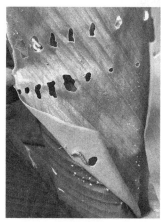

a.排孔和孔洞　　　　　b.薄膜状"窗孔"　　　　　c.咬断幼茎

**图 1-1　草地贪夜蛾幼虫危害莪术**

**图 1-2　草地贪夜蛾幼虫在莪术上的危害状**

## 1.5.3.2　莪术上草地贪夜蛾发生危害情况

田间调查表明，草地贪夜蛾可在莪术的不同生育期发生危害（表 1-1）。

2021 年 6 月 31 日调查结果：澄迈县福山镇福海庄园田块莪术为 2021 年 1 月 20 日新播种苗，调查时莪术处于 4 ~ 6 叶期，株高 50 ~ 70cm，约为播种后 160d，草地贪夜蛾危害较为严重，莪术田块边缘和中间植株都可见危害状，莪术苗被害株率达 70%，虫口密度为 72 头/100 株，主要以 3 ~ 6 龄幼虫居多，少量低龄幼虫，一般每株莪术上仅有一头幼虫危害。调查未发现土层中有蛹的存在，且在叶片上未发现卵块和栖息在叶片上的草地贪夜蛾成虫。

表1-1　莪术种植区草地贪夜蛾发生危害情况

| 调查时间 | 调查地点 | 生长期 | 株高（cm） | 百株虫量（头） | 被害株率（%） |
|---|---|---|---|---|---|
| 2021年6月31日 | 澄迈县福山镇福海庄园 | 4～6叶期 | 50～70 | 72 | 70 |
| 2021年8月14日 | 临高县博厚镇透滩村 | 6～7叶期 | 70～100 | 48 | 38 |
| | 临高县冲文村 | 6～9叶期 | 70～100 | 35 | 30 |
| | 临高县加来镇 | 6～9叶期 | 70～100 | 25 | 29 |
| | 临高县楷模下村 | 6～9叶期 | 70～100 | 12 | 22 |
| 2021年8月15日 | 海口市红旗镇石案村 | 7～9叶期 | 70～150 | 10 | 15 |
| 2021年8月15日 | 海口市三门坡镇加有村 | 7～9叶期 | 70～150 | 7 | 5 |

2021年8月14日调查结果：在临高县透滩村、冲文村、加来镇及楷模下村的莪术种植区调查发现，4个调查区均有草地贪夜蛾危害，调查时莪术处于6～9叶期，株高为70～100cm，莪术被害株率为22%～38%，虫口密度为12～48头/100株。其中，透滩村和冲文村受害较为严重，剩下两地受害较轻。

2021年8月15日调查结果：在海口市红旗镇石案村和三门坡镇加有村的莪术种植区调查发现均有草地贪夜蛾危害现象，但受害程度相比其他地区较轻，海口市红旗镇石案村莪术种植区被害株率为15%，虫口密度为10头/100株；三门坡镇加有村被害株率为5%，虫口密度为7头/100株。

草地贪夜蛾作为一种取食范围十分广泛的杂食性害虫，其寄主作物多达76科353种。连续两年在莪术地块中均发现有草地贪夜蛾危害，将田间的草地贪夜蛾幼虫采集到室内进行饲养并观察，发现其可顺利完成生活史，说明莪术也是草地贪夜蛾的潜在寄主之一，并且草地贪夜蛾可能会在莪术种植区暴发危害。在此之前草地贪夜蛾在海南的寄主作物仅是玉米，并没有发现草地贪夜蛾取食危害其他作物。莪术作为一种姜科植物，在海南主要集中分布在北部，而玉米则主要种植在海南西南部诸如东方、三亚、乐东等地区，其中东方是海南冬季玉米种植面积最大的市，一般以冬、春种植为主。根据调查发现每年西南部市（县）种植的玉米进入收获期后，草地贪夜蛾因缺少食物来源而往北部迁飞，从而对莪术造成危害。等到西南部玉米重新开始种植后又再次转移危害，由此形成草地贪夜蛾的周年适生区。调查时发现不同生育期和不同栽术地块受害差异较大，可能和草地贪夜蛾的迁飞时间、路径、数量及周边作物种类相关。

目前海南的栽术在生育期内已使用农药来进行防治，因此，有必要对危害栽术的草地贪夜蛾的化学防控进行技术指导，对保障栽术及周边作物的生产安全有着重要意义。下一步将继续开展草地贪夜蛾在栽术上的适生性、发生和危害规律研究，加强监测，为科学防控提供依据。

## 1.5.4　在福建甜椒上的发生与危害

2019 年 9 月 26 日，福建诏安的甜椒基地上发现的害虫经鉴定确认为草地贪夜蛾。随后实地观察了甜椒被害状、幼虫危害特点和生长环境，以期为更好地开展多种作物草地贪蛾监测和防治提供依据。

### 1.5.4.1　草地贪夜蛾危害甜椒苗

诏安甜椒种植基地，位于诏安县西潭镇美营村（北纬 23°77′，东经 117°17′），面积约 333.33hm²，地势为平原，东溪流域中下游西岸，属亚热带海洋性气候，土地肥沃。2019 年 9 月 29 日调查时，甜椒处于移栽后 5 ～ 7d，株高 15cm，虫害株率 3%，以 2 ～ 4 龄幼虫居多，一般每株甜椒苗上的幼虫仅为 1 头。幼虫危害部位主要集中在甜椒接近地表的茎基部，在叶片上未发现危害状。危害方式主要以幼虫蚕食茎表皮层，环绕一周，很少发现咬断茎的现象，这点与地老虎危害有明显区别，而嫁接苗上很少甚至未发现被害状。经后期持续观察，随甜椒苗长大、茎部木质化后（一般移栽后 25d），草地贪夜蛾幼虫危害减轻，甚至停止。此外，观察还发现草地贪夜蛾幼虫昼伏夜出，危害时间主要集中在 20 时至第二天 6 时，且以凌晨居多。

本次田间观察的幼虫以 2 ～ 4 龄居多，且叶片上未发现卵块，甜椒附近也无玉米种植，种植甜椒前为荒草地。初步推测，危害甜椒的幼虫并非是成虫产卵在甜椒叶片上，然后孵化而来的，可能是在甜椒移栽前的空地杂草上就已经存在草地贪夜蛾幼虫，甜椒苗移栽后，幼虫转移危害甜椒。

### 1.5.4.2 该发现对草地贪夜蛾防控的意义

由于诏安玉米种植面积非常小，甜椒种植属于当地支柱产业，因此，监测草地贪夜蛾在甜椒上的发生危害情况并及时控制其危害，对保障其他作物、其他地区的农业生产安全具有重要意义。下一步将继续开展草地贪夜蛾在甜椒上的危害规律研究，继续跟踪观察，加强监测，为科学防治提供依据。

诏安处于福建最南端，一年四季温和，属于草地贪夜蛾周年繁殖区，是草地贪夜蛾春、夏季北上和秋、冬季南迁的必经点和主要虫源地之一。从诏安30个监测点性诱监测的成虫数量来看，除了草地贪夜蛾的主要寄主玉米，甜椒和茄子基地中诱捕的成虫数量相对较多，如玉米田最高日诱蛾量为6.9头，甜椒田最高日诱蛾量为2.6头。推测可能是甜椒、茄子等作物散发的气味能够吸引草地贪夜蛾成虫，这一点有待进行进一步研究。目前草地贪夜蛾幼虫开始危害甜椒，但尚未发现其危害茄子，有待进一步观察。

## 1.5.5 在广西水稻秧苗上的发生与危害

2019年8月14日，广西武利镇分蘖初期的水稻上发生草地贪夜蛾，但当时未见发现有草地贪夜蛾发生危害情况、生活史及其生物型的报道。2020年7月21日，在福建云霄县的水稻秧苗上首次发现草地贪夜蛾危害。随后实地调查了幼虫发生及危害情况，并对其生活史及生物型展开初步调查，以明确草地贪夜蛾在水稻上的危害及风险，以期为更好地开展水稻作物草地贪夜蛾监测和防治提供依据。

### 1.5.5.1 水稻秧田受害情况

发现草地贪夜蛾危害的水稻秧田位于福建省漳州市云霄县东厦镇洲渡村，属于漳州市粮食产能区水稻工厂化集中育秧基地云霄县江边家庭农场的育秧塑料拱棚（未覆膜），水稻品种为Y两优1173，属晚稻机插旱育秧，共3批次，播种时间分别为7月7—9日、16—17日、20—21日。7月21日调查发现，草地贪夜蛾幼虫危害主要集中在7月7—9日播种的秧苗上，在7月26日发现草地贪夜蛾危害7月16—17日播种的秧苗，而7月20—21日播种的秧苗一直未发现危害。育秧苗床前茬亦为水稻育秧，未见草地贪夜蛾发生危害。

7月21日，对受害水稻秧田3个批次的秧苗进行系统调查，水稻育秧穴盘总播种9 000盘，其中，发现草地贪夜蛾幼虫危害的占3 000盘，受害秧盘中平均被害株率为55%，秧田总体被害株率为18.3%，草地贪夜蛾幼虫虫口密度达450头/$m^2$。水稻秧田附近有在晒的玉米果穗，已晒干；距离水稻秧田约300m处有玉米种植田块，面积1 333$m^2$，6月29日已收获，田间玉米秆枯萎，但未处理。从附近监测点（距发生地500m）草地贪夜蛾成虫监测数据（5月13日至7月22日）来看，草地贪夜蛾成虫在6月17日、7月15日有2个发生高峰。初步推测草地贪夜蛾幼虫发生危害与7月15日成虫数量的突增有关。实地观察到草地贪夜蛾1～5龄幼虫均危害水稻秧苗，以2～4龄居多。7月21日随机调查5个秧盘，其中1～2龄幼虫占幼虫总量的30%，2～3龄幼虫占40%，4龄及以上幼虫占30%。低、中龄幼虫主要取食秧苗叶片，造成叶片孔洞、缺刻，叶尖发黄，秧苗生长参差不齐；高龄幼虫主要取食秧苗茎秆。调查发现，单只幼虫仅危害单株秧苗，未发现多只幼虫群集危害单株秧苗，高龄幼虫有杀害低龄幼虫现象。在不采取任何防治措施的情况下，秧苗受草地贪夜蛾幼虫危害后，生长受阻，最终倒伏、枯萎。

## 1.5.5.2　生活史观察

7月21日观察，在水稻秧苗上未发现草地贪夜蛾卵块。从发生地取受害水稻秧盘3个回室内饲养观察，室内温度（28±1）℃、相对空气湿度（60±5）%、光周期L∶D=16∶8。结果表明，草地贪夜蛾幼虫可以在水稻秧苗上完成整个生活史，老熟幼虫在穴盘基质中化蛹。观察幼虫40头，其中，化蛹32头，化蛹率80%；观察蛹29个，羽化成虫19头，羽化率约66%。成虫羽化后继续在水稻秧苗上产卵，对6对雌雄虫观察6d后，统计产卵量为4个卵块、138粒卵。产卵部位集中在秧苗叶片部分，且以叶片正面居多，茎秆上偶见。

### 1.5.5.3　生物型鉴定

为进一步确定草地贪夜蛾遗传特征，于7月21日在水稻秧田采集草地贪夜蛾幼虫活体样品4份，送往中国农业科学院深圳农业基因组研究所进行基因检测。检测结果显示，4份样品基因型一致，基于线粒体$CO$ I 基因分析结果显示为水稻型，基于核基因组 $Tpi$ 基因分析结果显示为玉米型，即为显示玉米型特征的玉米型父本与水稻型母本杂交型群体后代。

草地贪夜蛾根据取食寄主植物的不同分为玉米型和水稻型两种生态型，前者主要危害玉米、高粱和棉花，后者主要危害水稻和牧草。张磊等（2019）利用2个分子标记对中国13省（区、市）131个县（市）的318份样品进行群体遗传特征比较，基于线粒体$CO$ I 基因分析结果显示96%以上为水稻型，玉米型比例不到4%，基于核基因组 $Tpi$ 基因分析结果显示所有样品均为玉米型。徐丽娜等（2019）的研究表明，安徽地区草地贪夜蛾基于核基因组 $Tpi$ 基因分析结果显示167个样本中 $Tpi$ 基因第3位和第4位差异单倍型位点有70.65%为玉米型，11.98%为水稻型，其余为杂合型。本次发现的危害水稻秧苗的草地贪夜蛾$CO$ I 基因显示为水稻型，$Tpi$ 基因显示为玉米型，与前人研究结果一致。

研究表明草地贪夜蛾幼虫可以通过取食水稻幼苗、水稻心叶或嫩茎完成整个生活史。观察发现草地贪夜蛾幼虫可以在水稻秧苗上完成整个生活史，但通过对发生地附近移栽水稻田的调查，暂未发现草地贪夜蛾危害大田水稻移栽秧苗现象，也未发现草地贪夜蛾幼虫在大田中化蛹。另外，结合邱良妙等（2020）的研究推测，当种群密度过大、嗜食寄主植物匮乏时，草地贪夜蛾幼虫存在向水稻转移危害的风险。结合以上，初步认为本次草地贪夜蛾在秧苗上集中大量发生，与当地玉米陆续采收、新鲜玉米数量减少，迫使草地贪夜蛾成虫往水稻秧苗上迁移产卵有关。

关于水稻上的草地贪夜蛾危害情况，笔者还在做进一步跟踪调查，同时加强水稻上草地贪夜蛾发生情况监测，密切关注不同生态型草地贪夜蛾的迁飞侵入，探索其通过寄主转换建立适应水稻的种群的可能性，以期更好地开展草地贪夜蛾的监测和防治工作。

## 1.5.6 海南的发生动态

在南繁育种区三亚、乐东和陵水，及鲜食玉米种植区东方、海口和儋州共 6 个市（县），选取玉米长势较好且草地贪夜蛾发生危害较为明显的代表性田块设固定调查点（表 1-2），6 个调查点种植的玉米品种分别为鲜玉糯 5 号、太阳花 6 号、先甜糯 868、美甜 3 号、夏王和太阳花 3 号，在玉米生长季调查幼虫种群动态；在三亚、东方和儋州 3 市设监测点，3 个监测点种植的玉米品种均为太阳花 3 号，连续种植玉米监测草地贪夜蛾成虫的种群动态。

草地贪夜蛾幼虫种群动态调查：在 6 个调查点采用 "W" 形 5 点取样，每点调查 100 株，每 20d 调查 1 次，调查时间为 2019 年 11 月 1 日至 2020 年 3 月 20 日。记录玉米的生育期，每株查看叶片正面、背面和叶基部、心叶、茎秆、雄穗、花丝、雌穗等部位受害情况；记录植株上幼虫数量、龄期，统计受害率（%）和百株虫量（头）。

草地贪夜蛾成虫种群动态监测：在 3 个监测点，选用漳州市英格尔农业科技有限公司桶形诱捕器和诱芯，每块田放 3 个，即重复 3 次，苗期呈三角形放置，诱捕器相距 50m，每个诱捕器与田边距离大于 5m；成株期将诱捕器呈一直线放于同一田埂上，相距大于 50m。植株高度 30 ～ 100cm 时，放置高度约80cm，成株时放置高度低于植株冠层 20 ～ 30cm。监测时间为 2019 年 11 月 3 日至 2020 年 3 月 30 日，每天 10 时调查记录诱捕器内成虫数量，诱芯每隔 30d 更换 1 次。

表1-2  调查点和监测点基本地理信息

| 实验点 | 市（县） | 地点 | 面积（hm²） | 品种 | 纬度 | 经度 | 海拔（m） |
|---|---|---|---|---|---|---|---|
| 调查点 | 三亚 | 崖州区拱北村 | 0.40 | 鲜玉糯5号 | 18°38′ | 109°19′ | 1.32 |
| | 乐东 | 利国镇荷口村 | 0.53 | 太阳花6号 | 18°52′ | 108°88′ | 7.88 |
| | 陵水 | 椰林镇勒丰村 | 0.40 | 先甜糯868 | 18°49′ | 110°04′ | 5.90 |
| | 东方 | 感城镇尧文村 | 0.40 | 美甜3号 | 18°87′ | 108°71′ | 10.52 |
| | 海口 | 石山镇安仁村 | 0.80 | 夏王 | 19°89′ | 110°20′ | 90.32 |
| | 儋州 | 儋州两院沙田村 | 0.67 | 太阳花3号 | 19°52′ | 109°48′ | 140.18 |
| 监测点 | 三亚 | 天涯区天涯镇梅村 | 0.20 | 太阳花6号 | 18°31′ | 109°45′ | -3.74 |
| | 东方 | 感城镇宝东村 | 0.20 | 太阳花6号 | 18°87′ | 108°67′ | 14.65 |
| | 儋州 | 儋州两院试验场汪港队 | 0.20 | 太阳花6号 | 19°53′ | 109°50′ | 143.25 |

## 1.5.6.1　冬种玉米区草地贪夜蛾幼虫种群动态

冬季调查草地贪夜蛾幼虫结果表明，从11月到第二年2月幼虫数量呈递增趋势，平均百株虫量由6.42头增加到21.46头，2月草地贪夜蛾发生虫量显著高于其他月份，3月下降到9.47头，与12月差异不显著（图1-3）。

6个调查点草地贪夜蛾幼虫的百株虫量均差异显著（表1-3），三亚和东方调查点幼虫百株虫量显著高于其他4个市（县）调查点。南繁区的三亚、乐东和陵水，12月幼虫数量呈增加趋势，12月11日均达到峰值，百株虫量分别为17.65头、10.43头和11.56头，之后种群数量先降后升，2月9日达第二次峰值，分别为33.32头、22.78头和20.45头，之后种群数量持续下降；东方调查点的数量呈增加趋势，峰值出现在2月29日（30.72头），海口和儋州第一次峰值出现在11月23日，第二次峰值出现在2月9日。总体而言，草地贪夜蛾在冬季除东方外5个调查点发生呈双峰型，第1个高峰期11—12月，第2个高峰期为2月，百株虫量均以第2次高峰期为最高值，三亚和东方调查点草地贪夜蛾发生较为严重，乐东和陵水次之，海口和儋州的发生情况相对较轻。

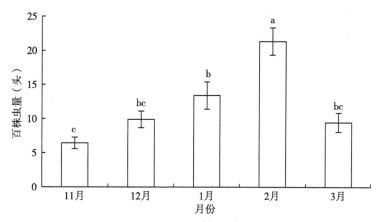

图 1-3　海南冬季草地贪夜蛾幼虫不同月份发生动态

注：相同小写字母表示差异不显著（Duncan，$P > 0.05$）。

表 1-3　海南 6 个调查点冬季草地贪夜蛾幼虫种群动态

| 调查时间<br>（月-日） | 百株虫量（头） | | | | | |
|---|---|---|---|---|---|---|
| | 三亚 | 乐东 | 陵水 | 东方 | 海口 | 儋州 |
| 11-01 | 8.92±1.13a | 5.32±0.95b | 4.65±0.68bc | 7.32±1.38a | 3.24±0.43c | 4.65±0.41bc |
| 11-21 | 12.53±1.94a | 6.20±1.24b | 5.23±1.06bc | 10.56±1.81a | 3.13±0.85d | 5.32±0.96cd |
| 12-11 | 17.65±2.46a | 10.43±1.76bc | 11.56±1.26b | 13.32±2.03b | 5.15±0.52d | 7.62±0.64cd |
| 12-31 | 12.15±2.35b | 8.63±1.34c | 6.41±0.97cd | 15.56±3.48a | 4.81±0.46d | 5.58±0.71cd |
| 01-20 | 20.40±2.18a | 11.73±1.06b | 13.46±1.38b | 17.76±2.34a | 7.33±0.85c | 9.79±1.01bc |
| 02-09 | 33.32±3.62a | 22.78±2.82b | 20.45±2.37bc | 29.65±2.94a | 14.3±1.95d | 17.65±1.29cd |
| 02-29 | 24.45±2.63b | 18.52±1.81c | 17.59±1.78cd | 30.72±3.37a | 12.48±1.68e | 14.35±1.58de |
| 03-20 | 10.25±2.23ab | 8.87±1.94bc | 7.32±1.82bc | 13.45±2.38ab | 5.43±1.56c | 7.53±1.79bc |

注：数据为平均值 ±SE。同行相同小写字母表示显著不差异（Duncan，$P > 0.05$）。

## 1.5.6.2　不同玉米生育期的危害情况

6 个调查点草地贪夜蛾幼虫在苗期、小喇叭口期、大喇叭口期、抽雄期、开花期和成熟期均有危害，其中苗期、小喇叭口期和大喇叭口期草地贪夜蛾受害率相对较高，平均值分别为 15.59%、13.16% 和 12.67%，成熟期最少，为 0.29%。苗期的受害率三亚和东方（23.71% 和 25.46%）显著高于其他市（县），乐东（16.52%）、儋州（12.62%）、陵水和海口（8.35% 和 6.87%）的苗期受害率差异显著（P<0.05）；小喇叭口期的受害率东方（20.41%）显著高于其他市（县），三亚和乐东（16.57% 和 16.78%）、儋州（11.17%）、陵水（8.69%）、海口（5.34 头）的小喇叭口期受害率差异显著（P<0.05）；大喇叭口期的受害率三亚和东方（19.83% 和 18.46%）显著高于其他市（县），乐东和陵水（12.81% 和 12.50%）、儋州和海口（7.26 头和 6.17 头）的大喇叭口期受害率差异显著（P<0.05）；抽雄期（平均受害率 1.55%）后受害率显著下降，开花期和成熟期平均受害率小于 1%（图 1-4）。除成熟期外，6 个调查点中，三亚与东方发生危害较为严重，平均受害率均超过 15%，南繁区的乐东和陵水明显低于前 2 个地区，儋州和海口受害率显著低于南繁区和东方市，其中海口最低，各生育期平均受害率均低于 10%。

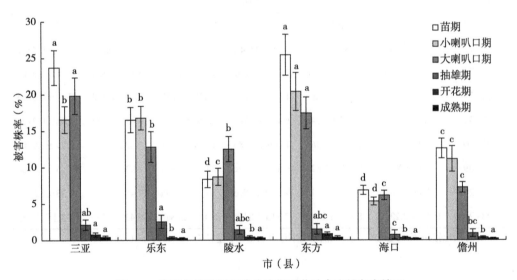

**图 1-4　海南冬季不同玉米生育期受草地贪夜蛾危害情况**

注：同一生育期相同小写字母表示差异不显著（Duncan，P > 0.05）。

### 1.5.6.3　草地贪夜蛾不同龄期的发生情况

　　6 个冬季玉米种植区草地贪夜蛾的 3 龄幼虫所占比例最高，三亚、乐东、陵水、东方、海口和儋州 6 地草地贪夜蛾 3 龄幼虫比例分别为 44.34%、47.49%、

49.71%、42.13%、59.14% 和 57.41%（表 1-4）。在玉米整个生育期内，苗期、小喇叭口期和大喇叭口期草地贪夜蛾 3 龄幼虫比例最高，分别为 50.61%、55.26% 和 44.57%（表 1-5）；抽雄期和开花期以 5 龄幼虫占比最高，分别为 35.28% 和 42.21%；成熟期以 6 龄幼虫占比最高，为 59.33%。苗期除 6 龄外，开花期除 1～2 龄外，成熟期除 1～4 龄外，各龄期都有发生，世代重叠，苗期偏向于低龄幼虫在玉米田中危害，抽雄期后偏向于高龄幼虫危害，玉米成熟期仅发现 5 龄和 6 龄幼虫。

表 1-4　海南冬季草地贪夜蛾幼虫的龄期比例（%）

| 龄期 | 三亚 | 乐东 | 陵水 | 东方 | 海口 | 儋州 |
|---|---|---|---|---|---|---|
| 1～2 龄 | 19.46±2.31b | 14.36±1.43b | 16.63±2.08b | 18.79±2.24b | 24.98±2.69b | 20.34±2.33b |
| 3 龄 | 44.34±4.67a | 47.49±5.17a | 49.71±6.26a | 42.13±5.06a | 59.14±7.13a | 57.41±6.87a |
| 4 龄 | 15.30±1.78bc | 16.84±2.14b | 14.13±1.71b | 14.85±1.86bc | 8.69±1.03c | 10.25±1.34c |
| 5 龄 | 12.23±1.64cd | 12.46±1.39bc | 11.72±1.45bc | 14.37±1.97bc | 6.57±0.89c | 7.03±1.01c |
| 6 龄 | 8.67±1.07d | 8.85±0.97c | 7.81±1.27c | 9.86±1.39c | 3.62±0.67c | 4.97±0.54c |

注：同列相同小写字母表示差异不显著（Duncan，$P > 0.05$）。

表 1-5　玉米各生育期草地贪夜蛾幼虫龄期比例（%）

| 龄期 | 苗期 | 小喇叭口期 | 大喇叭口期 | 抽雄期 | 开花期 | 成熟期 |
|---|---|---|---|---|---|---|
| 1～2 龄 | 37.13±4.13b | 7.95±1.08c | 4.49±0.71d | 2.56±0.56d | 0d | 0c |
| 3 龄 | 50.61±4.84a | 55.26±6.12a | 44.57±4.85a | 13.08±1.45c | 8.42±1.05c | 0c |
| 4 龄 | 10.02±1.35c | 18.04±2.24b | 21.25±1.98b | 25.21±2.78b | 22.53±2.58b | 0c |
| 5 龄 | 2.24±2.65d | 11.80±1.32c | 17.38±1.67b | 35.28±4.12a | 42.21±4.37a | 40.67±4.33b |
| 6 龄 | 0d | 6.95±0.92c | 12.31±1.81c | 23.87±2.56c | 26.84±3.11b | 59.33±6.18a |

注：同列相同小写字母表示差异不显著（Duncan，$P > 0.05$）。

### 1.5.6.4　海南草地贪夜蛾成虫种群动态

三亚、东方和儋州日均诱蛾量每个诱捕器分别为 16.09 头、15.07 头、5.27 头，三亚和东方的日均诱蛾量显著高于儋州（图 1-5）。诱虫动态结果表明，三亚在 2019 年 11 月上旬有 1 个诱虫小高峰，虫量达 22.53 头（11 月 13 日），2020 年 2 月上旬出现另一个峰值，虫量达 28.31 头（2 月 4 日）；东方和儋州也有 2 个峰值，东方分别在 11 月 23 日和第二年的 2 月 9 日，诱虫量分别为 28.31 头和 22.20 头；儋州分别在 11 月 18 日和第二年的 2 月 9 日，诱虫量分别为 9.60 头和 8.75 头，但儋州的诱虫数量少于三亚和东方（图 1-6）。

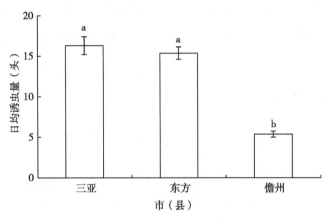

**图 1-5　3 个地区冬季成虫平均诱虫数量**

注：相同字母表示差异不显著（Duncan，$P > 0.05$）。

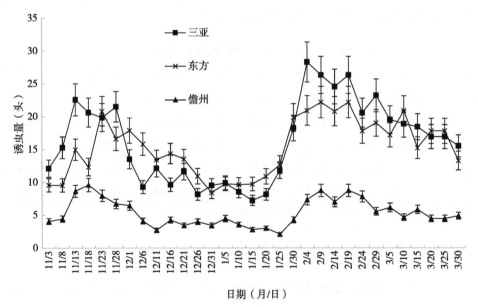

**图 1-6　3 个地区单个诱捕器诱蛾动态**

　　海南三亚和东方冬季玉米种植区草地贪夜蛾幼虫数量和危害情况均显著高于乐东和陵水，幼虫种群数量显著高于其他 4 个市（县）调查点，苗期的受害率分别为 23.71% 和 25.46%，海口和儋州受害率相对较低，受多种因素综合影响，导致草地贪夜蛾发生程度存在差异。温度是影响发生量的主要因素，海南不同区域气候要素空间分布和变化特征差异显著，三亚和东方位于海南西南部区域，日照时数多、降水量小，平均气温高于其他区域。随着海南冬季气温的变化，昆虫种群动态也呈不同的变化趋势，海南每年 12 月至第二年 2 月 3 个月的平均气温明显低于其他月份，其月平均气温在 18 ℃左右，且这 3 个月五指山以北地区易受冷空气影响，而 2 月后气温会迅速上升。这与调查结果吻合，2 月 6 个调查点草地贪夜蛾幼虫种群数量均出现峰值，而儋州和海口百株幼虫量除 2 月外均低于 10 头，气温决定了该地区的冬季虫量，草地贪夜蛾发育的最适温度为 26 ～ 32℃，产卵的最适温度为 18 ～ 26℃，低温会使草地贪夜蛾的生长速率降低且死亡率升高。除温度外，玉米种植面积也是影响草地贪夜蛾冬季种群动态的主要原因，据统计，海南冬种甜玉米主要集中在东方的各乡镇，其玉米面积占全省的 90% 以上。南繁区（三亚、乐东和陵水）和东方的部分地区冬季气候特征为高温少雨，适宜种植玉米，也为草地贪夜蛾在海南传播扩散提供了有利条件。

冬季海南草地贪夜蛾种群以低龄幼虫为主，1 ～ 3 龄幼虫苗期占 87.74%，小喇叭口期占 63.21%，大喇叭口期占 49.09%，而抽雄期后高龄虫较多；从危害情况来看，以三亚为例，苗期危害最重（受害率 23.71%），喇叭口期次之（18.20%），抽雄期（2.12%）后基本没有危害；田间调查发现，部分种植户在苗期管理松散，导致草地贪夜蛾在玉米喇叭口期危害严重。因此在草地贪夜蛾的防控过程中要抓住"防早"和"防小"，即抓住虫源侵入作物田的早期，虫情还处于低龄幼虫期进行防治。

三亚、东方和儋州的成虫动态均出现 2 个峰值，可能与草地贪夜蛾的迁飞有关，昆虫飞行能力受温度、湿度、光周期、日龄、性别等多种因素的影响，但温度是主要因素，20 ～ 36℃温度范围内饲养的草地贪夜蛾成虫均能进行正常飞行活动，飞行能力最强的温度为 32℃，低温 20℃和高温 36℃下饲养的其飞行能力显著降低。11月上旬有1个诱虫峰值，可能有境外及本地虫源的迁入，第二年3月上旬出现另一个峰值，说明气温逐渐升高，有利于其生长繁殖。

南繁玉米育种基地主要集中在三亚、乐东和陵水，随着我国杂交玉米种植面积的不断增加及推广速度的不断加快，每年南繁杂交玉米制种面积也随之上升，每年玉米育种制种面积约1 333.33hm²，种植一季或两季；东方是我国秋、冬季甜玉米种植面积最大的县（市）之一，一般种植两季；其他市（县）多为农民种植玉米，一年三季或四季，同一时期田间玉米生育期多样，能满足草地贪夜蛾迁入虫源或当地繁殖种群的营养需要，造成大部分虫源滞留当地辗转危害，种植制度的不同影响草地贪夜蛾取食和营养摄取，而气候等因素影响着草地贪夜蛾的发生基数，调查发现，南繁区和东方从幼虫百株虫量到成虫诱虫量均高于其他区域。另外，越冬危害程度还与防控和管理水平相关，通常企业或公司大面积种植基地（6.67hm²以上）和部分育种基地防控及时，草地贪夜蛾发生危害相对较轻，而农户小面积种植田块草地贪夜蛾发生严重。因此，玉米种植单位和农户应充分认识草地贪夜蛾越冬的严重性，加强越冬监测和防控，做到早发现、早防治，以减轻对南繁育种和海南玉米生产的威胁，同时可减少春季北迁虫量。

## 1.6　生物学特性

草地贪夜蛾是一种完全变态昆虫，其成长过程需要经历成虫、卵、幼虫以及蛹的变化，28℃是其生长发育和存活的最适温度（王树叶，2023）。

### 1.6.1　多食性

草地贪夜蛾是一种多食性、暴食性昆虫，寄主达350多种，其中包括玉米、甘蔗、水稻、大豆、谷子、花生和辣椒等80多种经济作物（王亚如等，2020）。

特别嗜食禾本科植物，在海南主要取食玉米，也取食荛术、高粱和甜高粱（张曼丽等，2022）。

## 1.6.2 繁殖力极强

成虫寿命可达 2～3 周，30d 左右即可完成一个世代，其世代长短与其所处环境温度有关，成虫适宜在 20～25℃产卵，1 头雌成虫能生产 500～1 000 粒卵，室内条件下研究草地贪夜蛾雌成虫的产卵节律，发现羽化后 7d 内的产卵量占总产卵量的 68.1%，最高日产卵量可达 229.3 粒/头，在 20～25℃的恒温环境，卵的发育历期通常在 3～5d，而幼虫适宜在 25～32℃生长发育，幼虫历期 10～13d，蛹较适宜在 20～25℃生长发育，蛹期在 8d 左右。Gopalakrishnan et al.（2022）在玉米上观察到其最短生命周期雄性为（32.8±0.52）d，雌性为（34.1±0.43）d，平均产卵量（1 324.6 ± 61.21）枚，幼虫体重（503 ± 0.02）mg、蛹重（263 ± 0.01）mg，雌性成年体重（128 ± 0.0）mg。草地贪夜蛾发育时间短、产卵量大、成活率高，使得其种群大而危害作物严重。而海南地处热带，年均温度 17～24℃，同时周年种植玉米等作物为其生长发育繁殖提供了充足食料，因此，导致其在海南逐渐泛滥。

## 1.6.3 适应性强

草地贪夜蛾在玉米田周围杂草上的生长发育情况表明，玉米收获后，在田间杂草上也能完成世代繁殖，各种植物为其适应环境提供丰富食料来源，而且在 11～30℃均是其适生温度。

## 1.6.4 远距离迁飞性

草地贪夜蛾原产于美洲，因其迁飞性以及西南季风影响，2019 年 1 月从缅甸传至我国云南、广西等地，并迅速传播，目前已经扩散至全国 20 多个省（区、市）（吴秋琳等，2019；郭井菲等，2019）。研究表明，春季或夏季时，草地贪夜蛾随气流可在 12h 内快速飞行 100～500km，成虫极限迁移距离甚至可达 1 600km，每年春季气温快速上升时，草地贪夜蛾会大规模迁移。往往单个晚上就可飞行上百千米之多。由于喜热怕凉，冬季其在寒冷地区不能越冬，往往会迁飞至亚热带、热带地区进行越冬。

## 1.6.5　趋光性、趋色性、趋化性

研究表明，草地贪夜蛾成虫趋光性、趋色性、趋化性很强，成虫盛发期利用这些特性可进行灯诱（黑光灯、高压汞灯、频振灯、双波灯等）、食诱（糖醋酒）、性诱以及粘虫色板等诱杀。

## 1.6.6　自残性和假死性

草地贪夜蛾幼虫具有自相残杀行为，通常是高龄幼虫捕食低龄幼虫。Ye et al.（2014）研究表明，自相残杀行为可能会提高其存活率、繁殖速度以及发育速度等，以达到一定的种群优势，同时唐雪等（2022）研究表明，草地贪夜蛾 3～6 龄幼虫捕食量大小依次为 5 龄＞6 龄＞4 龄＞3 龄；4～6 龄幼虫对 3 龄幼虫的最大理论捕食量大小依次为 5 龄＞6 龄＞4 龄。当其受到外部环境惊动后，通常会以假死状态呈现，卷缩成"C"形，以躲避外界环境变化。

### 1.6.6.1　不同龄期幼虫自相残杀率

不同密度的幼虫（10 头/盒 $F=3.620$，$dF=5$，$P=0.014$；20 头/盒 $F=19.70$，$dF=5$，$P<0.000\,1$；30 头/盒 $F=49.10$，$dF=5$，$P<0.000\,1$；40 头/盒 $F=49.10$，$dF=5$，$P<0.000\,1$）自相残杀率存在显著性差异（图 1–7）。当 1 头/盒饲养时，不同龄期幼虫死亡率差异不显著（$F=1.134$，$dF=5$，$P=0.346\,7$），各龄期幼虫的死亡率较低，最高死亡率仅为（$1.75\pm0.547$）%。在 10 头/盒的密度下，相邻两个龄期幼虫的自相残杀率差异不显著（$P>0.05$）。但 1 龄幼虫与 5 龄幼虫的自相残杀率存在差异显著（$P=0.025\,9$）。1 龄幼虫的自相残杀率为 0%，5 龄

幼虫的自相残杀率为（12.5±4.010）%。当幼虫密度为 20 头/盒时，1 龄幼虫的自相残杀率也仅为 0.006 7，且 1 龄幼虫与 2 龄幼虫的自相残杀率存在显著差异（$P$=0.05），1 龄幼虫的自相残杀率与 2 龄幼虫的自相残杀率同样存在显著差异（$P$=0.05）。当幼虫密度为 30 头/盒时，4 龄幼虫和 5 龄幼虫的自相残杀率存在显著性差异（$P$=0.007 6）。5 龄幼虫的自相残杀率最高，为（16.19±1.104）%，1 龄幼虫的自相残杀率最低，为（0.641±0.641）%。当幼虫密度为 40 头/盒时，相邻两个龄期幼虫的自相残杀率除 2 龄幼虫和 3 龄幼虫外，其余均存在显著性差异（$P$<0.05）。在各个密度下，草地贪夜蛾幼虫在 5 龄以前，自相残杀率均小于 10%，5 龄后自相残杀率则都超过了 10%。

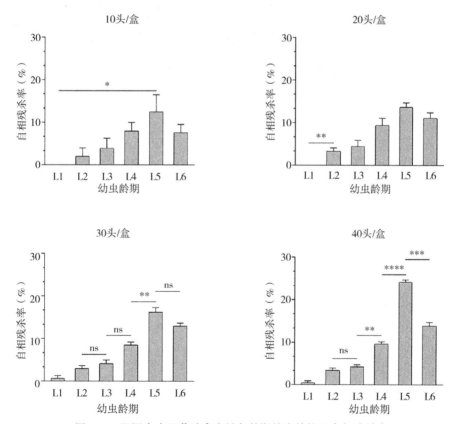

图 1-7　不同密度下草地贪夜蛾各龄期幼虫的校正自相残杀率

注：L1 为 1 龄幼虫；L2 为 2 龄幼虫；L3 为 3 龄幼虫；L4 为 4 龄幼虫；L5 为 5 龄幼虫；L6 为 6 龄幼虫。ns 代表无显著差异；星号表示存在显著差异（* $P$<0.01；**$P$<0.001；*** $P$<0.000 1）。

### 1.6.6.2 对2龄幼虫的捕食功能反应

3～6龄草地贪夜蛾幼虫对2龄幼虫的日捕食量随2龄幼虫密度的升高而逐渐增加，当猎物密度增加到一定水平时，草地贪夜蛾幼虫的日捕食量趋于平稳，捕食功能反应符合 Holling Ⅱ型圆盘方程（图1-8）。草地贪夜蛾各高龄幼虫对2龄幼虫的捕食功能反应方程与 Holling Ⅱ型圆盘方程模型拟合度较高，$R^2$ 均在0.9以上（表1-6）。草地贪夜蛾3～6龄幼虫对2龄幼虫的瞬时攻击率依次为0.580、1.016、1.111、1.081。草地贪夜蛾3～5龄幼虫对2龄幼虫的日捕食量随着龄期的增加而增加，其中5龄幼虫对2龄幼虫的日最大捕食量最高，为117.92头，3龄幼虫的捕食量最小，为76.47头。而6龄幼虫的捕食量为96.05头，低于5龄幼虫，这可能与草地贪夜蛾6龄幼虫即将进入化蛹阶段有关，同时能说明草地贪夜蛾5龄幼虫的自残现象最为明显。

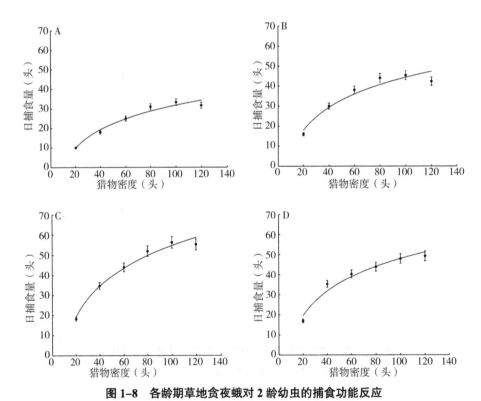

**图1-8 各龄期草地贪夜蛾对2龄幼虫的捕食功能反应**

注：A、B、C、D分别代表草地贪夜蛾3龄、4龄、5龄、6龄幼虫对2龄幼虫的捕食功能反应，图中数值为平均值 ± 标准误。

表1-6　不同龄期草地贪夜蛾对2龄幼虫的捕食功能反应

| 龄期 | $R^2$ | 捕食功能方程 | 瞬时攻击率 | 处理时间（d） | 日最大捕食量（头） |
|---|---|---|---|---|---|
| 3龄幼虫 | 0.9913 | Na=0.580N/（1+0.0075N） | 0.580 | 0.013 | 76.47 |
| 4龄幼虫 | 0.9815 | Na=1.016N/（1+0.0122N） | 1.016 | 0.012 | 85.70 |
| 5龄幼虫 | 0.9815 | Na=1.111N/（1+0.0089N） | 1.111 | 0.008 | 117.92 |
| 6龄幼虫 | 0.9658 | Na=1.081N/（1+0.0108N） | 1.081 | 0.010 | 96.05 |

### 1.6.6.3　对3龄幼虫的捕食功能反应

　　草地贪夜蛾4～6龄幼虫对3龄幼虫的捕食量随着3龄幼虫密度的增加而增加，当3龄幼虫的密度增加到一定限度时，草地贪夜蛾各高龄幼虫捕食量增加的速度逐渐变缓（图1-9）；同一猎物密度，草地贪夜蛾5龄幼虫对3龄幼虫的捕食量均高于4龄和6龄幼虫对3龄的捕食量。由Holling Ⅱ型公式拟合草地贪夜蛾各龄期的捕食量计算出草地贪夜蛾高龄幼虫对3龄幼虫捕食的功能反应方程及其参数如表1-7所示，4龄幼虫对3龄幼虫的捕食功能反应方程为Na=0.740N/（1+0.026N），对猎物的瞬时攻击率为0.740，处理单头猎物所需要花费的时间为0.026d，最大捕食量为38.83头/d；5龄幼虫对3龄幼虫的捕食功能反应方程为Na=1.345N/（1+0.017N），对猎物的瞬时攻击率为1.345，处理单头猎物所需要花费的时间为0.017d，捕食上限59.49头/d；6龄幼虫对3龄幼虫的捕食功能反应方程为Na=1.111N/（1+0.017N），对猎物的瞬时攻击率为1.111，处理单头猎物所需要花费的时间与5龄幼虫相同，为0.017d，捕食上限为58.87头/d。

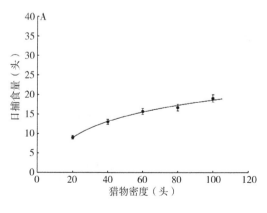
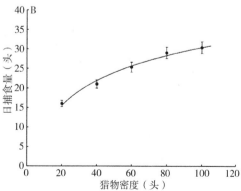

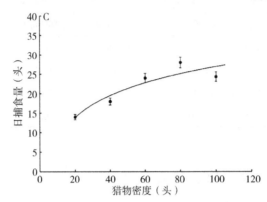

图 1–9　各龄期草地贪夜蛾对 3 龄幼虫的捕食功能反应

注：A、B、C 分别代表草地贪夜蛾 4 龄、5 龄、6 龄幼虫对 3 龄幼虫的捕食功能反应，图中数值为平均值 ± 标准误。

表 1–7　不同龄期草地贪夜蛾对 3 龄幼虫的捕食功能反应

| 龄期 | $R^2$ | 捕食功能方程 | 瞬时攻击率 | 处理时间（d） | 日最大捕食量（头） |
|---|---|---|---|---|---|
| 4 龄幼虫 | 0.990 8 | Na=0.740N/（1+0.026N） | 0.740 | 0.026 | 38.83 |
| 5 龄幼虫 | 0.988 2 | Na=1.345N/（1+0.017N） | 1.345 | 0.017 | 59.49 |
| 6 龄幼虫 | 0.904 7 | Na=1.111N/（1+0.017N） | 1.111 | 0.017 | 58.87 |

## 1.6.6.4　不同龄期幼虫间最大理论捕食量

不同龄期幼虫体重如表 1–8 所示，通过利用 Holling Ⅱ 型圆盘方程进行模拟，得出 3～6 龄幼虫对 2 龄幼虫和 4～6 龄幼虫对 3 龄幼虫的最大理论捕食量，利用捕食量和体重的关系计算出每个龄期幼虫的最大理论捕食量，并做出散点图（图 1–10），拟合方程为 $y=47.231x^{0.459\,1}$。

表 1–8　不同龄期草地贪夜蛾幼虫体重

| 龄期 | 体重（mg） | 相对比值 |
|---|---|---|
| 1 龄 | 0.900 0±4.08E–09 | 0.200 0 |
| 2 龄 | 4.500 0±4.54E–08 | 1.000 0 |
| 3 龄 | 13.900 0±4.54E–07 | 3.088 9 |
| 4 龄 | 72.960 0±1.81E–05 | 16.213 3 |

（续表）

| 龄期 | 体重（mg） | 相对比值 |
|---|---|---|
| 5 龄 | 172.200 0±2.60E−05 | 38.266 7 |
| 6 龄 | 410.390 0±6.98E−05 | 91.197 8 |

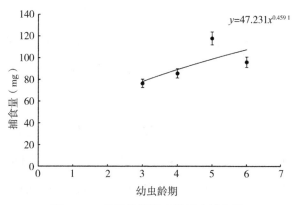

图 1-10　不同龄期幼虫的最大捕食量

根据拟合方程 $y=47.231x^{0.459\,1}$ 及龄期与体重的关系，计算出各龄期对应的捕食量如表 1-9 所示，6 龄幼虫对低于其龄期的幼虫的捕食量依次为 1 龄（494.42 头）＞2 龄（107.52 头）＞3 龄（34.81 头）＞4 龄（6.63 头）＞5 龄（2.81 头）；5 龄幼虫对低于其龄期的幼虫的捕食量依次为 1 龄（446.28 头）＞2 龄（98.88 头）＞3 龄（32.01 头）＞4 龄（6.10 头）；4 龄幼虫对低于其龄期的幼虫的捕食量依次为 1 龄（391.06 头）＞2 龄（89.26 头）＞3 龄（28.90 头）；3 龄幼虫对低于其龄期的幼虫的捕食量依次为 1 龄（324.64 头）＞2 龄（78.21 头）。由于没有直接观察到 3 龄以下幼虫存在自相残杀现象，所以 3 龄以下幼虫对同类的捕食不作考虑。

表 1-9　不同龄期幼虫间最大理论捕食量

| 猎物虫龄 | 捕食量（头） | | | |
|---|---|---|---|---|
| | 3 龄幼虫 | 4 龄幼虫 | 5 龄幼虫 | 6 龄幼虫 |
| 1 龄 | 324.64 | 391.06 | 446.28 | 494.42 |
| 2 龄 | 78.21 | 89.26 | 98.88 | 107.52 |
| 3 龄 | — | 28.90 | 32.01 | 34.81 |
| 4 龄 | — | — | 6.10 | 6.63 |

（续表）

| 猎物虫龄 | 捕食量（头） | | | |
|---|---|---|---|---|
| | 3 龄幼虫 | 4 龄幼虫 | 5 龄幼虫 | 6 龄幼虫 |
| 5 龄 | — | — | — | 2.81 |
| 6 龄 | — | — | — | — |

草地贪夜蛾的入侵对中国乃至世界范围内粮食和农业作物的生产构成严重威胁。作为杂食性害虫，它们不仅限于吃植物，幼虫阶段具有复杂的摄食习惯，并且会对同类进行残杀。

自相残杀通常是对食物短缺、高密度、同种个体之间的大小差异、环境温度甚至是饲养盒材料差异的反应。在这项研究中，不同密度不同龄期幼虫的自相残杀率存在显著差异。幼虫在 3 龄以前自相残杀率较低，而幼虫的生长发育从 4 龄后开始加速，自相残杀特性逐渐变得明显，5 龄幼虫的自相残杀率达到最大。本研究中，6 龄幼虫的自相残杀率低于 5 龄幼虫，这可能和 6 龄幼虫其本身活性不高准备化蛹有密切关系，这一现象和已知研究的甜菜夜蛾的自相残杀基本一致。

采用 Holling Ⅱ 型圆盘方程进行拟合，确定了 3～6 龄幼虫对 2 龄幼虫和 4～6 龄幼虫对 3 龄幼虫的最大理论捕食量。结果表明，草地贪夜蛾 3～6 龄幼虫对 2 龄幼虫的捕食量大小依次为 5 龄 > 6 龄 > 4 龄 > 3 龄；4～6 龄幼虫对 3 龄幼虫的最大理论捕食量大小依次为 5 龄 > 6 龄 > 4 龄。草地贪夜蛾幼虫对同类低龄幼虫的捕食量先随着龄期的增加而增加，后又显现出下降趋势，6 龄幼虫的捕食量低于 5 龄幼虫，与前文中 5 龄幼虫的自相残杀率高于 6 龄幼虫相一致。通过分析得知，草地贪夜蛾在 4 龄以前，捕食量随着猎物密度的增加而呈现缓慢增长，4 龄之后，捕食量随着猎物密度的增加而快速增加，表明草地贪夜蛾种内捕食与龄期有着极大关系。在对棉铃虫自相残杀习性与其龄期和食物营养关系的研究中表明，棉铃虫自相残杀主要发生在 4 龄和 5 龄幼虫之间，而非 3 龄和 6 龄幼虫。同样，通过比较低密度和高密度下 5 龄和 6 龄甜菜夜蛾的自相残杀率，发现 5 龄幼虫自相残杀率高于 6 龄幼虫。而本研究则是通过 Holling Ⅱ 型圆盘方程模拟在密度无限增大的情况下，可得出理论最大捕量，其 $R^2$ 值均为

0.9 以上，但是现实情况下密度是有限的，其最大值可能远小于理论值。此外，本试验利用各龄期幼虫之间体重的比值，结合 3～6 龄幼虫对 2 龄幼虫的捕食量，计算出不同龄期幼虫的最大捕食质量，从而得出草地贪夜蛾任意两个不同龄期之间高龄幼虫对低龄幼虫的捕食量。通过对高龄幼虫对低龄幼虫的捕食行为进行解析，试探明草地贪夜蛾幼虫的自相残杀行为规律，其中龄期和低龄幼虫的密度是影响其自残行为的两大重要因素。同时还要进一步地设计试验，详细地探究出草地贪夜蛾幼虫自相残杀现象背后的生态意义和生理机制等，可能有助于开发新的策略来控制害虫。

# 1.7　生境对草地贪夜蛾的影响

## 1.7.1　降雨对草地贪夜蛾的影响

### 1.7.1.1　试验材料

试验所用草地贪夜蛾由中国热带农业科学院环境与植物保护研究所儋州基地害虫扩繁实验室提供，饲养条件为温度 26℃、光周期为 L：D=14：10、相对湿度为 70%。供试土壤分为两种，其中干沙土购买于儋州琼西建材市场，砖红壤（土质类型为沙壤土）则收集于中国热带农业科学院环境与植物保护研究所儋州基地实验楼下玉米地内表层（20cm），其中一部分直接用于试验，一部分粉碎过筛后在 120℃烘箱中烘干 24h 备用。

### 1.7.1.2　模拟降水量设置

根据国家气象部门对降水量的定义，1mm 降水量相当于每亩地里增加 0.667m³ 的水，经过换算 1mm 降水量就等于每 1cm² 地里增加 0.1mL 的水。试验所用花盆上部面积为 200.1cm²，取不同降水级别一天降水量的中位数，即可得模拟不同降水级别的降水量，详见表 1–10。

**表 1–10　模拟降水量**

| 降水级别 | 总降水量/d（mm） | 供试土壤 | 模拟降水量/d（mL） |
|---|---|---|---|
| 小雨（A） | 1～10 | 烘干沙土/烘干砖红壤 | 120.6 |
| 中雨（B） | 10～25 | 烘干沙土/烘干砖红壤 | 361.8 |
| 大雨（C） | 25～50 | 烘干沙土/烘干砖红壤 | 763.8 |
| 对照 1（D） | 0 | 烘干沙土/烘干砖红壤 | 0 |
| 对照 2（E） | 0 | 大田砖红壤 | 0 |

## 1.7.2　不同级别模拟降雨对草地贪夜蛾土中蛹历期的影响

研究发现，在供试土壤为沙土的情况下，不同级别的模拟降雨对草地贪夜蛾土中蛹历期的影响差异不显著（$F$=1.064，$P$=0.395 9＞0.05）。不同处理下蛹历期由大到小排列为 B［（7.18±0.18）d］＞C［（7.00±0.00）d］＞A［（6.75±0.25）d］＞D［（6.50±0.50）d］（图 1–11）。A、B、C 和 D 处理两两之间均无统计学差异（$P$＞0.05）。

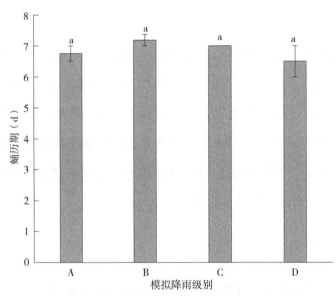

**图 1–11　不同级别模拟降雨处理下草地贪夜蛾沙土中的蛹历期**

在供试土壤为沙壤土的情况下，不同级别的模拟降雨对草地贪夜蛾土中蛹历期的影响差异不显著（$F$=1.409 0，$P$=0.243 5＞0.05）。不同处理下蛹历期由大到小排列为 C［（7.75±0.25）d］＞B［（7.71±0.36）d］＞A［（7.35±0.19）d］＞D［（7.10±0.23）d］＞E［（7.05±0.19）d］。C 处理与 E 处理表现出显著性差异（$P < 0.05$），与其他处理则均无统计学差异（$P > 0.05$）（图 1-12）。

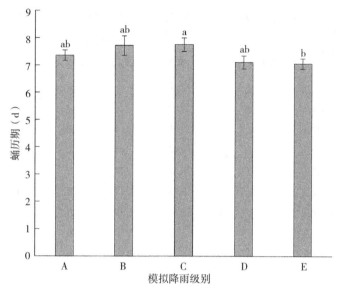

图 1-12　不同级别模拟降雨处理下草地贪夜蛾在沙壤土中的蛹历期

综上可得，不同级别的降雨处理对沙土和沙壤土中草地贪夜蛾蛹历期均无显著性影响，中雨和大雨处理对草地贪夜蛾土中蛹历期有一定的延长作用。

## 1.7.3　不同级别模拟降雨对草地贪夜蛾出土羽化的影响

不同级别模拟降雨处理对草地贪夜蛾在沙土中羽化率的影响差异极显著（$F=11.619$，$P=0.003 < 0.05$）。不同处理下蛹的羽化率从大到小排列为 B［（36.7±6.7）%］＞A［（13.3±3.3）%］＞D［（6.7±3.3）%］＞C［（3.3±3.3）%］（表 1-11）。B 处理蛹的羽化率显著大于其他处理（$P < 0.05$），A、C、D 处理两两之间均未表现出显著性差异（$P > 0.05$）。沙土中的草地贪夜蛾蛹主要在入土后 6 ～ 7d 羽化出土。分析不同级别模拟降雨处理间沙土的水分状况变化趋势（图 1-13）可知，沙土 10d 内水分含量变化幅度较大。A、B、C 和 D 处理 6 ～ 7d 的土壤相对含水量分别为 0 ～ 15%、38% ～ 45%、82% 和 0（图 1-13）。结合羽化日附近不同土壤相对含水量对应的羽化率分析，草地贪夜蛾蛹在相对含水量为38%～45%的沙土中羽化率最高，土壤相对含水量过大（＞80%）和过小（＜20%）均极不利于蛹的羽化。

表1–11　不同级别模拟降雨处理下草地贪夜蛾沙土中羽化情况

| 降水级别 | 重复 | 羽化进度记录（头） | | | | | | 羽化率（%） |
|---|---|---|---|---|---|---|---|---|
| | | 第5天 | 第6天 | 第7天 | 第8天 | 第9天 | 第10天 | |
| 小雨（A） | A–1（10） | 0 | 0 | 2 | 0 | 0 | 0 | 13.3±3.3b |
| | A–2（10） | 0 | 1 | 0 | 0 | 0 | 0 | |
| | A–3（10） | 0 | 0 | 1 | 0 | 0 | 0 | |
| 中雨（B） | B–1（10） | 0 | 0 | 2 | 1 | 0 | 0 | 36.7±6.7a |
| | B–2（10） | 0 | 1 | 2 | 2 | 0 | 0 | |
| | B–3（10） | 0 | 0 | 3 | 0 | 0 | 0 | |
| 大雨（C） | C–1（10） | 0 | 0 | 1 | 0 | 0 | 0 | 3.3±3.3b |
| | C–2（10） | 0 | 0 | 0 | 0 | 0 | 0 | |
| | C–3（10） | 0 | 0 | 0 | 0 | 0 | 0 | |
| 对照（D） | D–1（10） | 0 | 0 | 1 | 0 | 0 | 0 | 6.7±3.3b |
| | D–2（10） | 0 | 1 | 0 | 0 | 0 | 0 | |
| | D–3（10） | 0 | 0 | 0 | 0 | 0 | 0 | |

　　注：羽化率后标有不同小写字母表示不同级别模拟降雨处理间经LSD检验差异显著（$P < 0.05$）。下同。

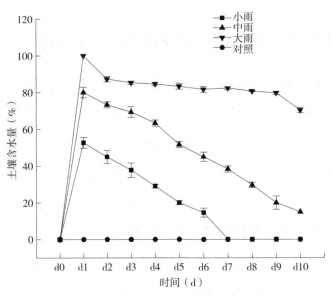

图1–13　沙土0～8cm土壤水分变化情况

不同级别模拟降雨处理对草地贪夜蛾在沙壤土中羽化率的影响差异极显著（$F$=19.115，$P$=0.000 < 0.05）。不同处理下蛹的羽化率从大到小排列为 E [（70.0±5.8）%]> A [（56.7±8.8）%] > D [（33.3±3.3）%] > B [（23.3±3.3）%] > C（13.3%±3.3%）（表 1–12）。A 处理与 E 处理蛹的羽化率无显著性差异（$P$ > 0.05）且均显著高于 D 处理、B 处理和 C 处理（$P$ < 0.05）。C 处理蛹的羽化率最低且与 A 处理、D 处理和 E 处理均表现出显著性差异（$P$ < 0.05）。沙壤土中的草地贪夜蛾蛹主要在入土后 6～8d 羽化出土。沙壤土 10d 内土壤水分状况相对稳定，A、B、C、D 和 E 处理 6～8d 的土壤相对含水量分别为 45%～55%、83%～90%、95%～100%、0 和 40%～58%（图 1–14）。结合羽化日附近不同土壤相对含水量对应的羽化率分析，草地贪夜蛾蛹在相对含水量维持在 40%～60% 的沙壤土中羽化率最高，在干沙壤土中的羽化率次之，在土壤相对含水量大于 80% 的条件下羽化率极低。

**表 1–12　不同级别模拟降雨处理下草地贪夜蛾沙壤土中羽化情况**

| 降水级别 | 重复 | 羽化进度记录（头） | | | | | | 羽化率（%） |
|---|---|---|---|---|---|---|---|---|
| | | 第 5 天 | 第 6 天 | 第 7 天 | 第 8 天 | 第 9 天 | 第 10 天 | |
| 小雨（A） | A–1（10） | 0 | 0 | 3 | 1 | 0 | 0 | |
| | A–2（10） | 0 | 0 | 3 | 3 | 1 | 0 | 56.7±8.8a |
| | A–3（10） | 0 | 2 | 2 | 2 | 0 | 0 | |
| 中雨（B） | B–1（10） | 0 | 0 | 2 | 0 | 0 | 0 | |
| | B–2（10） | 0 | 0 | 1 | 0 | 1 | 0 | 23.3±3.3bc |
| | B–3（10） | 0 | 0 | 1 | 1 | 1 | 0 | |
| 大雨（C） | C–1（10） | 0 | 0 | 1 | 1 | 0 | 0 | |
| | C–2（10） | 0 | 0 | 0 | 1 | 0 | 0 | 13.3±3.3c |
| | C–3（10） | 0 | 0 | 0 | 1 | 0 | 0 | |
| 对照 –1（D） | D–1（10） | 0 | 0 | 2 | 1 | 0 | 0 | |
| | D–2（10） | 0 | 2 | 1 | 1 | 0 | 0 | 33.3±3.3b |
| | D–3（10） | 0 | 0 | 2 | 1 | 0 | 0 | |
| 对照 –2（E） | D–1（10） | 0 | 2 | 3 | 1 | 0 | 0 | |
| | D–2（10） | 0 | 3 | 2 | 2 | 0 | 0 | 70.0±5.8a |
| | D–3（10） | 0 | 1 | 4 | 2 | 1 | 0 | |

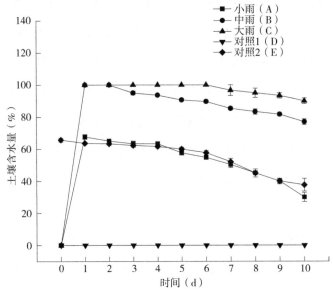

图1-14　沙壤土0～8cm土壤水分变化情况

## 1.7.4　模拟降雨处理草地贪夜蛾蛹在不同质地土壤中羽化率比较

从图1-15可知，A处理沙土和沙壤土在草地贪夜蛾羽化日的土壤相对含水量分别为0～15%和40%～55%，蛹在45%～55%的土壤水分条件下的羽化率显著高于0～15%的（$P < 0.05$）。同时也可以发现，A处理和E处理沙壤土在蛹羽化日的土壤相对含水量范围相对一致，分别为45%～55%和40%～58%，而蛹的羽化率在这种土壤水分条件下表现出相对最高的水平，且两者之间无显著性差异（$P > 0.05$），分别为（56.7±8.8）%和（70±5.8）%。B处理的土壤相对含水量分别为38%～45%和83%～90%，这两种土壤水分条件下蛹的羽化率未表现出显著性差异（$P > 0.05$），分别为（36.7±6.7）%和（23.3±3.3）%。C处理沙土和沙壤土的土壤相对含水量分别为82%和95%～100%，这两种土壤水分条件下蛹的羽化率均相对最低且未表现出显著性差异（$P > 0.05$），分别为（3.3±3.3）%和（13.3±3.3）%。D处理蛹羽化日的土壤相对含水量均为0，在这种土壤水分条件下，沙土中蛹的羽化率显著低于沙壤土（$P < 0.05$），羽化率分别为（6.7±3.3）%和（33.3±3.3）%。而在土壤相对含水量相对适中（40%～60%）

的条件下，D、A、E 3 个处理沙壤土中蛹的羽化率也显著高于沙土的（$P < 0.05$），分别为（36.7±6.7）%、（56.7±8.8）% 和（70±5.8）%。

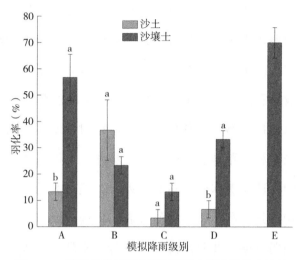

图 1-15　草地贪夜蛾蛹在不同质地土壤中羽化率比较

　　本试验研究发现，过大的土壤相对含水量对草地贪夜蛾的蛹历期具有一定程度的延长作用，且这种延长作用在沙壤土中表现出差异性。相关研究认为，昆虫发育进度的快慢在一定程度上反映了其生长环境的优劣。昆虫发育越快，历期越短，表明环境条件越适宜其生长。土壤相对含水量过高或过低均延长了黏虫蛹的历期。研究发现，当土壤相对含水量不大于 20% 和不小于 60% 时均能显著延长棉铃虫蛹的历期。本研究未发现过低的土壤相对含水量对草地贪夜蛾蛹的历期表现出明显的延长作用，这可能和本试验的供试土壤有关，具体原因有待于进一步分析。同时，这在一定程度上也说明草地贪夜蛾更适合在相对干燥的土壤环境中羽化出土。

　　草地贪夜蛾常在 2～8cm 深的土壤中化蛹，有时也在果穗或叶腋处化蛹。相关研究表明，完全变态昆虫的羽化率会受到土壤含水量的显著影响，且土壤相对含水量小于或等于 20% 有利于棉铃虫的羽化出土，土壤相对含水量大于或等于 40% 对其羽化出土不利，100% 土壤相对含水量则会造成棉铃虫蛹大量死亡，羽化失败率高达 90%（陈法军等，2003）。小菜蛾在土壤相对含水量（换算后）30.0%、37.2%、74.4% 和 100% 条件下，羽化率分别为（53.33±5.75）%、（6.67±0.57）%、（3.33±0.45）% 和 0.00±0.00。李立坤等（2019）研究发现，黏虫羽化出土的适宜土壤相对含水量为 60%，过高和过低的土壤相对含水量都不利于黏虫正常的羽化出土。研究表明，羽化期间降雨显著影响杨小舟蛾蛹的存活，土壤湿度越大，蛹羽化和存活率越低。本试验结果表明，蛹期模拟降雨处理对草地贪夜蛾的羽化率影响显著，蛹期土壤相对含水量维持在 40% ～ 60% 的范围内有利于草地贪夜蛾的羽化出土，土壤相对含水量过低（< 20%）和过高（> 80%）均极不利于草地贪夜蛾的出土羽化。可以看出，不同种类完全变态昆虫羽化出土的最适土壤水分含量有所差异，但过大的土壤水分含量对上述昆虫的羽化出土均极其不利。有学者研究表明，蛹末期到羽化前期是完全变态昆虫发育阶段的脆弱时期，此时昆虫体内进行着剧烈的生理代谢活动，并伴随着组织的解离和再生，更易受到外界环境变化的影响（陈法军等，2003）。研究发现，土壤遇雨后棉铃虫蛹死亡的主要机制是土壤中过大的水分含量，导致蛹窒息而亡；其次是雨后导致蛹室和羽化通道的坍塌从而影响棉铃虫的羽化出土。本试验发现小雨处理的沙土出现板结的情况，且部分蛹破裂或呈现"半羽化"的状态，其原因可能是本试验供试沙土经过高温烘干，导致了土壤有机质的散失、土壤结构的破坏和土料的分散，较低的模拟降水量加之沙土较差的保水性使得土壤中的水分很快蒸发流失，从而导致土壤在蛹羽化前板结，一定程度上阻塞了蛹羽化出土的通道，使得昆虫难以破蛹而出或羽化但难以出土（杨燕涛，2000）。这说明土壤的板结也会影响昆虫蛹的羽化出土。

入土化蛹昆虫的羽化在一定程度上也受到土壤质地的影响。在土壤相对含水量过低（< 20%）、适中（40% ～ 60%）和过高（> 80%）的情况下，草地贪夜蛾蛹在沙壤土中的羽化率均高于在沙土中的，从而在一定程度上说明沙壤土相对于沙土有利于草地贪夜蛾蛹的羽化出土。这与沙壤土最适宜豆大蓟马羽化的结论一致（韩云等，2015），而与桑椹瘿蚊在沙土中的羽化率显著高于沙壤土的结论不同。完全变态昆虫在不同质地土壤中羽化率表现出差异的原因尚不明晰，可能受到土壤质地和昆虫生理特性的共同影响（陈法军等，2003）。

　　不同质地土壤的特性不同，沙土孔隙性好，但水稳性差，水分渗透和蒸发速度快，难以维持土壤含水量。沙壤土兼具沙土和壤土的特性，通气透水性和保水性均相对较好。结合大田环境下的自然降雨分析，蛹期频繁降雨一定程度上有利于沙质土壤维持相对适宜的土壤含水量，适宜蛹的羽化出土，而干旱条件下土壤含水量过低则不利于蛹的羽化出土；壤土或沙壤土的田间持水量较大，加之其相对较好的水稳性，土壤含水量可以较长时间保持在一定范围内，在干旱条件下更适合草地贪夜蛾蛹的羽化出土，在雨水充足的条件下则不利于其羽化出土（任杰群等，2018）。鉴于我国玉米产区的种植用土以沙壤土居多，则草地贪夜蛾在相对干旱的大田环境下暴发危害的可能性更大，须对此加以防控。土壤水分含量过大对草地贪夜蛾蛹羽化出土的影响是毁灭性的，在实际生产中适时进行大田漫灌，营造高湿土壤环境可有效降低草地贪夜蛾蛹的羽化率，从而达到防治目的。

# ❷ 热带地区草地贪夜蛾的发生规律

## 2.1 入侵和扩散

### 2.1.1 草地贪夜蛾全球入侵与扩散区域

1913 年，人们便知道草地贪夜蛾在热带和亚热带地区连续繁殖。草地贪夜蛾原产于北美洲、中美洲和南美洲的热带和亚热带地区。草地贪夜蛾对东半球的入侵及其造成的扩散可以有两种假说来解释，一种假设是从西向东扩散，另一种假设是多个地区。该物种在欧洲检疫多次被截获，并于 2016 年 1 月首次在西非的尼日利亚等地被发现。该物种具有较高的迁飞能力、扩散能力和繁殖能力，在世界范围内迅速传播。2017 年，该虫在非洲多个国家暴发危害，2018 年 1 月蔓延到撒哈拉以南的 44 个国家，仅是到 2019 年 1 月，3 年便发现共有 46 个国家或地区发生，联合国粮食及农业组织发出草地贪夜蛾预警。2018 年 7 月，在亚洲地区的也门与印度确认草地贪夜蛾的入侵，随后相继在斯里兰卡、孟加拉国、泰国、缅甸、尼泊尔和我国的云南（2019 年 1 月首次被发现）被发现。破坏性和入侵性强的该害虫通过大气扩散的方式广泛传播，并于 2020 年 2 月到达澳大利亚。随后，人们预计草地贪夜蛾可能会迁移到新西兰。新西兰于 2022 年 3 月首次检测到草地贪夜蛾。

迄今为止，几乎所有撒哈拉以南非洲、埃及、加那利群岛、大多数热带和亚热带亚洲国家以及澳大利亚、新西兰和一些太平洋岛屿都报告了该害虫的入侵（Kenis，2023）。研究表明，美国的草地贪夜蛾入侵起源于墨西哥和西印度群岛，草地贪夜蛾会在德克萨斯州南部和佛罗里达州南部，在墨西哥湾沿岸各州的南部以及在其他冬天非常温暖的地区进行越冬。根据报告显示，它从非洲逐渐转移到亚洲，再加上基于单一标记的群体遗传分析，表明草地贪夜蛾为从西向东的途径迅速传播（Tay et al.，2022）。

## 2.1.2 草地贪夜蛾在中国的入侵与扩散

草地贪夜蛾自2019年1月从缅甸传入我国云南江城，并迅速扩散到20多个省（区、市）。草地贪夜蛾在我国的周年发生区主要在1月日均温度10℃等温线以南的区域，包括海南、广东、广西、云南和福建等地的热带、南亚热带地区。已有研究表明，草地贪夜蛾在我国的适生范围较广，包括华南、华中、华东、西南地区东部和我国台湾地区局部，尤其在温暖季节，虫源在南方形成后会随气流逐步迁飞至黄淮海以至于华北或东北的玉米种植区（刘博等，2022）。此外，缅甸、老挝、越南和孟加拉国等南亚、东南亚国家亦是草地贪夜蛾的周年发生区，这些国家产生的草地贪夜蛾种群春季以后可随东亚和印度季风迁入我国的南部地区（吴孔明，2020）。

## 2.1.3 草地贪夜蛾入侵扩散机制

草地贪夜蛾快速入侵和定殖的重要条件是充分适应和利用当地环境，表现为生态适应能力强，进化能力快，使草地贪夜蛾在新环境中占据主导地位，完成入侵过程，包括对自然环境（温度、寄主等）和逆境（农药、Bt作物等）的适应进化机制。草地贪夜蛾在我国有着较广的适宜生存温度范围，对温度的适应性及寄主适应性都很强。可以通过调节自身生活史及生理机制来适应一定的低温和高温胁迫。比很多相似鳞翅目昆虫更能耐寒，种群对温度变化的耐受性也是向其他气候差异明显的种植区远距离迁飞、扩大入侵范围的前提条件。草地贪夜蛾对温度较强的适应能力，有助于其种群在我国由南到北多个地区入侵定殖（Tay et al.，2022）。

草地贪夜蛾入侵新地区之后，会与当地生物建立相互干涉竞争、捕食、寄生、相互适应、互利共生等关系。通过竞争造成直接伤害或是通过释放化学物质来阻止竞争者等间接伤害方式而实现种间竞争。草地贪夜蛾在入侵我国后，与玉米上的棉铃虫、斜纹夜蛾及东方黏虫等多种鳞翅目害虫的发生时期、危害部位相同，常有混合发生的现象（郭井菲等，2019），存在对食物和空间的种间竞争。在拔节期玉米的植株上，草地贪夜蛾在与东方黏虫的种间竞争中处于优势地位，草地贪夜蛾具有很强的主动攻击性，在相同温度条件下，草地贪夜蛾幼虫的发育速度较东方黏虫更快，因此在相同时间下，草地贪夜蛾总是表现出更强的竞争优势。

### 2.1.4 草地贪夜蛾入侵寄主植物

在其入侵范围内，草地贪夜蛾对寄主植物的利用已在一定程度上进行了研究。草地贪夜蛾食性广泛，包括玉米、水稻、高粱、甘蔗、棉花、牧草、甜菜和马铃薯等作物。虽然玉米是受害最广的作物，但其他植物也可能受到攻击。例如在陕西杨凌，草地贪夜蛾幼虫在玉米上发育最快，但在其他作物上也发育良好，特别是小麦，还有大豆、番茄和棉花（Wang et al.，2020）。

## 2.2 风险分析

草地贪夜蛾在全球范围内的时空分布格局受多种因素的影响，从虫灾发生学的角度上看，主要归纳为三大类。

### 2.2.1 生物生态学特征

生物生态学特征是决定其时空分布的内因，包括生长发育、取食危害和迁移扩散等。温度为影响草地贪夜蛾发育历期、存活率、繁殖力及分布范围的关键环境因子。研究表明草地贪夜蛾适宜的生长发育温度范围为20～36℃，24～32℃是幼虫的最适生长发育温度范围，24℃是成虫最适的繁殖温度。发育速度会随温度升高而明显加快，较高温度有利于草地贪夜蛾种群世代数的增加，适当低温下产卵量大，更有利于种群数量的增加。谢殿杰等（2020）研究表明低温或者适当高温处理均能提高草地贪夜蛾的耐寒能力。草地贪夜蛾对温度变化的适应能力较强，气候小幅或中幅变化对其生存率影响较小，然而在较高或较低温度下，其生长发育会受到明显抑制。杨艺炜等（2020）研究表明16℃以下短期低温或35℃以上短期高温对草地贪夜蛾蛹和成虫的生长发育有抑制作用。光周期是影响其生长发育的又一关键因子。孟令贺等（2020）研究表明长光照条件下草地贪夜蛾的生殖能力和发育速度均高于短光照。此外，寄主植物可以适当消除温度对草地贪夜蛾生长发育的影响。Chen et al.（2020）研究表明30℃下饲喂玉米可降低草地贪夜蛾死亡率，缩短发育时间，提高繁殖力。

## 2.2.2 寄主作物类型

寄主作物类型为虫害发生与否的先决条件，其中作物品种、发育期、种植制度、规模以及栽培管理等均对害虫种群发生过程具有决定性影响。草地贪夜蛾是杂食性害虫，寄主广泛，包括玉米、苜蓿、大麦、荞麦、棉花、燕麦、粟、水稻、花生、黑麦草、高粱、甜菜、苏丹草、大豆、烟草、番茄、马铃薯、洋葱和小麦等350余种植物。生态多型，包括玉米型和水稻型，入侵我国的草地贪夜蛾主要是玉米型种群，嗜食玉米，在其他作物上的寄主适合度相对较低。有研究表明草地贪夜蛾在能完成生活史的寄主如小麦、高粱上，当种群密度过大时仍存在危害风险。不同玉米生育期和不同玉米品种上的草地贪夜蛾危害程度存在差异。草地贪夜蛾对苗期和小喇叭口期玉米危害最严重，大喇叭口期玉米次之，开花抽丝期、抽雄期危害较低。杨俊伟等（2021）研究表明甜玉米和甜糯玉米相比于普通玉米，具备果穗储水能力强、种皮薄、籽粒硬等优点，更适宜为草地贪夜蛾生长发育提供足够的营养和存活条件，具有潜在携带传播的

风险。殷山山等（2023）研究表明草地贪夜蛾成虫产卵偏好于宣宏 18 号和桥单
6 号，危害高峰期时滇玉 888 和宣宏 18 号危害最重，这些品种更易被草地贪夜
蛾取食。

### 2.2.3 自然地理条件

自然地理条件是形成草地贪夜蛾周年及季节发生的关键生态要素，包括迁
入地区的地形地貌和气流气温（如年平均气温、温度年较差、年降水量和最干
季降水量）。其不仅影响各地玉米种植制度与布局，同时还作用于草地贪夜蛾种
群发生过程，为草地贪夜蛾发生与分布的生态底层因素。姜玉英等（2021）研
究表明我国 1 月平均温度 10℃等温线以南区域为草地贪夜蛾的周年繁殖区，1
月份平均温度 6℃等温线到 10℃等温线之间为草地贪夜蛾的越冬区。随着气候
变暖，草地贪夜蛾的空间扩散速度加快，原有地理分布格局不断打破。张雪艳
等（2023）研究表明当前及未来气候条件下除川西高原的甘孜州、阿坝州及川
西南凉山州的部分地区外，四川其余各市均为草地贪夜蛾的适生区，整体适生
区将向西向北扩张。何莉莉等（2023）研究表明草地贪夜蛾在辽宁的迁飞入侵
区主要集中在辽南和辽中地区，未来气候条件下，高适生区重心向高纬度和东
北方向扩张。姜玉英等（2021）研究表明当前及未来气候条件下草地贪夜蛾当
代及下一代幼虫除继续在西南和华南危害外，后代成虫可能随春季东南季风迁
飞扩散到江南、长江中下游、黄淮南部，随后蔓延至黄淮北部、华北和东北等
玉米主产区。此外，气流也是影响草地贪夜蛾迁飞扩散的重要原因。常年 12 月
至第二年 1 月缅甸境内上空盛行北风，且平均风速较低，气流条件不适合缅甸
草地贪夜蛾大规模往东（中南半岛中部与东部）、往西北（我国南部）方向迁
飞，当缅甸中部夜间风速增强达 4 m/s 以上、风向为偏南风时，则满足草地贪夜
蛾迁入云南江城等地的风场条件。

## 2.3 发生动态

草地贪夜蛾在我国的发生区主要在 1 月日均温度 10℃等温线以南的区域，包括海南、福建、浙江、广东、广西、云南和四川地省的热带、南亚热带地区。根据草地贪夜蛾发生规律和危害特点，在我国可划分为三大区域，即周年繁殖区、迁飞过渡区和重点防控区。

海南为草地贪夜蛾的周年繁殖区，发生高峰期为每年的 2 月和 12 月，其中琼南地区（三亚、东方、乐东和陵水）为草地贪夜蛾严重发生的主要区域，三亚主要集中在 4—12 月；琼中、琼北地区虫害发生程度相对较低，危害时间相差 1 个月有余，琼中地区（如儋州）草地贪夜蛾的发生主要集中在 4—10 月，而琼北地区（如海口）草地贪夜蛾的发生则集中在 3—10 月。有研究表明海南草地贪夜蛾幼虫不同季节在玉米田发生密度大小为秋季 > 夏季 > 冬季 > 春季，幼虫周年发生面积大小为冬季 > 春季 > 夏季 > 秋季。福建为草地贪夜蛾的周年繁殖区，主要发生期在 5—11 月，成虫高峰期为 9 月下旬和 11 月上旬。吴若蕾等（2021）研究发现福建秋季播种玉米受害明显重于春季播种玉米，且以拔节期至小喇叭口期被害株率最高。浙江为我国草地贪夜蛾的江南迁飞过渡区和长江流域监测防控带，全年 9 月草地贪夜蛾种群数量迅速上升，10 月上旬达到峰值后快速下降，9 月中旬至 10 月上旬形成明显的全年高峰。孙肖雨等（2023）的田间调查结果表明，草地贪夜蛾对浙江秋玉米危害重于春玉米，春玉米主要危害幼嫩叶片，穗期危害较轻，而秋玉米从苗期到穗期均有危害。广东省大部分冬种玉米区为草地贪夜蛾的周年繁殖区，仅在清远、韶关、河源等地未发现幼虫危害，为季节性繁殖区。周年繁殖区草地贪夜蛾成虫和幼虫全年均可发生危害，粤西发生危害较重，珠三角及粤东地区发生相对较轻，发生高峰期主要集中于 5—10 月，而季节发生区一般于 3—4 月才零星始见草地贪夜蛾成虫和幼虫，且诱蛾量、幼虫种群数量及危害程度均相对较低。

云南是草地贪夜蛾在我国危害最严重的省份，可分为周年繁殖区和季节性繁殖区。周年繁殖区包括西双版纳、德宏、临沧、普洱、红河、文山和保山等地，其中普洱和西双版纳地区草地贪夜蛾成虫发生高峰期在5—6月，田间幼虫发生高峰期紧随其后，出现在5—7月；草地贪夜蛾季节性繁殖区主要指云南周年发生区以北的大部分区域，虫源主要来自周年繁殖区，发生相对较轻。李钊等（2023）研究表明草地贪夜蛾在云南玉溪周年发生，夏、秋季出现成虫诱捕高峰，且草地贪夜蛾成虫以夜间活动为主，18时至第二天4时成虫诱集量最多。四川的攀西地区、川南地区和川东北地区为草地贪夜蛾的周年繁殖区，1月为该幼虫始见期，5—9月为该幼虫危害盛期，而草地贪夜蛾成虫高峰期于6—9月出现。草地贪夜蛾在各地区危害时期也稍有不同，攀西地区周年都可在田间查见草地贪夜蛾幼虫，1月上旬至2月上旬是该地区草地贪夜蛾发生的第1个高峰期，4月上旬至8月下旬是该地区草地贪夜蛾发生的第2个高峰期；川东北地区在5月中旬查见草地贪夜蛾幼虫，6月上旬至6月下旬为第1个危害高峰期，8月下旬至10月上旬为第2个危害高峰期；川东地区、川南地区和川西地区只有1个危害高峰期，其中川东地区于5月中旬查见草地贪夜蛾幼虫，危害高峰期为6月下旬至7月下旬；川南地区也于5月中旬查见幼虫，危害高峰期为6月上旬至7月中旬；川西地区见虫最晚，6月下旬在田间查见幼虫，危害高峰期为7月上旬至8月上旬。四川盆地大部分地区冬季平均气温在10℃以下，不利于草地贪夜蛾越冬，属迁飞过渡区。

## 2.4 对玉米产量的影响

在热带及亚热带地区，草地贪夜蛾世代重叠，在玉米各个时期均可见其危害。在玉米苗期及喇叭口期草地贪夜蛾通过取食植株叶片，对叶片造成损伤，减少光合作用面积对其产量造成间接损失。但一般来说，随着玉米龄期的增加，玉米对草地贪夜蛾的抗性逐渐增强，取食叶片对玉米产量的影响也逐渐减弱。

在玉米抽穗期，草地贪夜蛾取食玉米穗部，通过影响玉米授粉对玉米的产量造成一定的影响。此外在玉米成熟期，通过直接取食玉米籽粒对玉米的产量造成直接损失。

目前草地贪夜蛾已经在全世界范围内的许多地区对玉米造成了严重的经济损害。最新数据显示，在美国佛罗里达州，草地贪夜蛾危害可造成玉米减产20%。在一些经济条件相对落后的地区，其危害造成的玉米产量损失更为严重，比如在中美洲的洪都拉斯，其危害可造成玉米减产达到40%，在南美洲的阿根廷和巴西，其危害可分别造成72%和34%的产量损失。而在非洲如肯尼亚和埃塞俄比亚，根据农户调查，草地贪夜蛾造成的玉米产量损失高达47%。在亚洲如我国热带地区，如果不采用杀虫剂进行防治，草地贪夜蛾在热带地区及亚热带地区造成的产量损失将达到40%～50%。

# 3 草地贪夜蛾的监测技术

## 3.1 调查与监测

草地贪夜蛾的监测调查主要包括成虫数量、田间虫情和作物受害程度 3 个方面。

### 3.1.1 成虫数量

成虫动态调查，主要是应用黑光灯、高空测报灯、性信息素诱集并结合生殖系统解剖方法，调查明确特定区域草地贪夜蛾成虫数量、来源、性比及其动态，为发生分布区域确定、传播扩散、发生期、发生程度等预测提供依据。

黑光灯：在当地适宜成虫发生的主要场所或主要寄主作物种植区域设置监测点，每个县级行政区域设置 3 个及以上。每个点设置黑光灯 1 台，功率 12～15W，架设于空旷处，灯管与地面距离为 1.5m，周围 500m 内无建筑物遮挡、1 000m 内无大功率照明光源。及时更换损坏的设备，灯管使用 1 年后及时更换。华南地区全年开灯，华南地区以北、长江以南地区 3—11 月开灯，长江以北地区 4—10 月开灯。每 3d 记录一次雌虫、雄虫数量（冼继东等，2019）。

高空测报灯：1 000W 金属卤化物灯能够有效实现控温杀虫，保障不间断进行监测。在当地地理中心附近设置监测点，设于楼顶、高台、高地、山顶等较高和开阔处，要保障周围 1 000m 没有高大建筑物的遮挡，且没有其他强光源的干扰。每个地市级行政区域设置 1 个，如果每个县级行政区域能设置 1 个则更好。每个点设置高空测报灯 1 台，功率 1 000W 以上，及时更换损坏的设备及灯管。华南地区全年开灯，华南地区以北、长江以南地区 3—11 月开灯，长江以北地区 4—10 月开灯。每 3d 记录 1 次雌虫、雄虫数量。

自动虫情测报灯：可以对草地贪夜蛾进行监测，在草地贪夜蛾出现较为典型的农作物种植区域放置一台监测设备，安装的位置需要 100m 之内不能存在建筑物，同时还不能出现其他的光源干扰。草地贪夜蛾具有趋光性，会在灯光的吸引下聚集在一处，在飞扑时草地贪夜蛾会撞在玻璃屏上方，之后会掉在仪器内部，仪器会通过高温加热自动杀灭害虫。

性信息素：草地贪夜蛾性诱剂主要是由雌虫信息素所构成，可以将其放置在当地主要寄主作物生长期设置的监测点。例如可以在玉米苗期阶段利用倒置漏斗式干式诱捕器、桶形诱捕器或者自动监测收集装置监测草地贪夜蛾的发生情况。每个县（区）设置 5 个点及以上，每个点设置 3 个诱捕器，呈三角形排列，诱捕器间距 100m 以上，底部与植株顶部间距保持超过 30cm，距田边 5m 以上。将含性信息素诱芯置于诱捕器内，根据诱芯时效长度进行更换。每 3d 记录 1 次成虫数量。如使用自动记录式诱捕器，则每天可记录 1 次成虫数量（张红霞，2022）。

雌虫生殖系统解剖：依据刘杰等（2019）结合黏虫测报方法，在成虫盛发期，从黑光灯和高空测报灯诱集的草地贪夜蛾中分别取 20 头以上雌虫进行解剖，调查卵巢发育级别和交尾情况，确定卵巢各级别比例。如卵巢级别较低（1～2 级），说明有向外迁飞的风险，应继续监测；如级别较高（3 级及以上），则该期成虫将留在当地，并繁殖后代。由此，做出当代幼虫发生危害的预报。

虫源性质判断：高空测报灯和地面黑光灯下诱捕获得的成虫除了迁飞过境的，还有本地虫源。依据以下特征对虫源性质进行判断，一是高空测报灯下虫量高、黑光灯虫量低，持续时间长短不一，应主要为异地成虫迁移过境现象，应提醒异地做好监测；二是黑光灯虫量大、高空测报灯虫量低，应主要为当地虫源，依据雌蛾卵巢解剖结果，预测当地发生趋势；三是两灯下虫量同时较高，解剖雌蛾卵巢发育级别，如主要为 3 级及以上，则此批虫源可在当地滞留、繁殖危害，应做出当地发生预报；如为低级别（1～2 级居多），而当地气候条件适合害虫迁飞时，应提醒异地做好监测；四是较大区域可能包括多个地级行政区及县级行政区黑光灯下成虫数量如出现同期突增或突减现象，则可能发生迁飞，应提醒其区域做好监测工作（冼继东等，2019）。

## 3.1.2　田间虫情调查

田间虫情调查旨在明确草地贪夜蛾卵、幼虫和蛹的空间分布、发生数量以及发育阶段，并依据当地温度估算各虫态发育进度，做出发生期和发生程度预测。可分为三大类，即卵调查、幼虫调查和蛹调查。

### 3.1.2.1　卵调查

草地贪夜蛾雌蛾产卵前期为 3～4d，第 4～5 天产卵量最大，有的产卵可持续 3 周，卵期通常为 2～3d（Prasanna et al.，2018），因此，应在灯诱或性诱捕获一定数量的成虫（始盛期），雌蛾卵巢发育级别较高时，开始田间查卵，5d 调查 1 次。根据实地调查经验，苗期至灌浆期的玉米为主要产卵寄主（姜玉英等，2019），应作为重点调查对象。每块田采用棋盘式"W"形 5 点取样，每点查 10 株，每点间隔距离视田块大小而定，取样点距地边 1m 以上，以避免边际效应。每株查看植株基部叶片正面、背面和叶基部与茎连接处的茎秆。成虫种群数量较大时，卵也会产在植株的高处或附近其他植被上。调查明确产卵盛期，并记载有卵株率、平均每株卵块数和平均每块卵粒数。

### 3.1.2.2　幼虫调查

幼虫虫量调查：苗期至灌浆期的玉米为草地贪夜蛾幼虫主要取食寄主，应作为重点调查对象；此外考虑其寄主广泛性（郭井菲等，2018），也应注意甘蔗、高粱、谷子、棉花及各种蔬菜等其他寄主作物上的发生情况。幼虫虫量调查自卵始盛期开始，5d调查1次，直至幼虫进入高龄期止。田间受害株呈聚集分布，发现1株受害，其周围可见数量不等的受害株。田间取样方法同卵调查。观察危害状后，再调查叶片正反面、心叶、未抽出雄穗苞和果穗中幼虫数量，记载有虫株率和平均每株虫量。

幼虫龄期调查：草地贪夜蛾幼虫历期依温度和其他环境条件而变化。幼虫体色、头宽和体长随龄期变化而有显著差异。幼虫龄期不同，其在玉米上的危害状显著不同。根据危害状可区分田间幼虫发育状态、明确重点调查部位（邱良妙等，2019）。低龄幼虫取食叶片的叶肉，剩下叶表皮而形成半透明薄膜状"窗孔"，或叶片被吃透后随着叶片的伸长呈大小不等的孔洞；3龄以上幼虫喜好钻蛀在幼嫩玉米的心叶或者雄穗苞中取食，种群数量较大时，幼虫可通过雌穗一侧外苞叶蛀洞进入取食籽粒（刘杰等，2019）。

### 3.1.2.3　蛹调查

草地贪夜蛾老熟幼虫通常落到地上浅层（深度为2～8cm）的土壤做一个蛹室，形成土沙粒包裹的茧。如果土壤太硬，幼虫会在土表利用枝叶碎片等物质结成丝茧，亦可在危害寄主植物如玉米雌穗上化蛹。蛹期夏季为8～9d，春、秋季为12～14d，天气冷凉季节可达20～30d。蛹不滞育，因而不能承受漫长的寒冷天气。因此，应在当地老熟幼虫发生期7d以后开始蛹调查，重点调查幼虫发生区田块。田间取5点，取样方法同卵和幼虫，每点查1m单行玉米根围的浅土层、土壤表面或玉米雌穗，记录每平方米蛹量（刘杰等，2019）。

## 3.1.3　作物受害程度

与幼虫发生程度普查同时进行。记录作物品种、调查面积、生育期、调查株数、受害株数，计算同一寄主作物各个类型田受害株率和总体受害株率（冼继东等，2019）。

## 3.2 不同波长诱虫灯的诱集效果

趋光性是指昆虫视觉器官对光线刺激产生的趋向反应，是昆虫长期适应环境的本能反应。昆虫的敏感光谱多集中于 253 ～ 700nm。基于昆虫趋光性原理开发的诱虫灯对多数昆虫具有较好的诱杀效果；但传统诱虫灯的光谱范围宽、选择性差，在诱杀害虫的同时极易误伤天敌和传粉昆虫。因此，研发特定波长光源是实现害虫"精准诱杀"和"控害保益"的重要手段。

昆虫对光线的感知主要依靠复眼，复眼内色素颗粒接收到光信号产生生物电位，最终抵达中枢神经引起视觉反应，视觉色素包含视蛋白，视蛋白在昆虫感受光刺激过程中有着不可替代的作用。视觉基因在昆虫的复眼和大脑中表达，不仅行使视觉功能，可能还有其他非视觉功能。草地贪夜蛾成虫有 4 种视蛋白基因，分别为长波敏感型视蛋白 1 基因、长波敏感型视蛋白 2 基因、蓝光敏感型视蛋白基因和紫外光敏感型视蛋白基因。

性别、日龄等生理因素对昆虫的趋光行为存在影响。大多数昆虫雌、雄成虫的上灯比例，以及其对不同波长光的趋性反应存在差异。据闫三强等（2021）研究，340nm 和 368nm 的紫外波长对草地贪夜蛾的诱集效果最好，日均诱集量分别可达 4.33 头和 3.33 头（图 3-1），且雌虫上灯数量明显高于雄虫（表 3-1）。陈昊楠等（2020）研究发现 368nm 对草地贪夜蛾的田间诱杀效果显著高于其他波长。然而，刘思敏等（2023）研究表明，草地贪夜蛾成虫对绿光和紫光较为敏感，羽化 3 ～ 5d 的成虫趋光性最强。雌蛾对绿光区 510nm、520nm 和 550nm 的趋性较高，趋光率分别为 68.5%、65.0%、63.5%；雄蛾对绿光区 520nm 及紫光区 420nm 的趋性较高，趋光率分别为 69.0% 和 60.5%。雌雄对 510nm 和 550m 的趋光率存在显著的性别间差异；520nm 光源刺激下，雌蛾和雄蛾均表现为 3 日龄（雌：65.0%；雄：69.0%）和 5 日龄（雌：59.1%；雄：61 4%）的趋光率最高，而 1 日龄（雌：41.4%；雄：24.1%）的趋光率最低。综合 3 位研究者的结果，草地贪夜蛾田间上灯行为和室内趋光反应具有不一致性，这种差异性可能是由于室外环境不同颜色物体（如植物叶片）的光谱反射率会影响昆虫对波段的识别，以及植物的气味和昆虫的天敌均可能会影响其趋光行为。

总之，田间草地贪夜蛾成虫对黑光灯有很强的趋性，放置紫外区光波的振频灯可以达到相对较好的诱杀和监控效果。

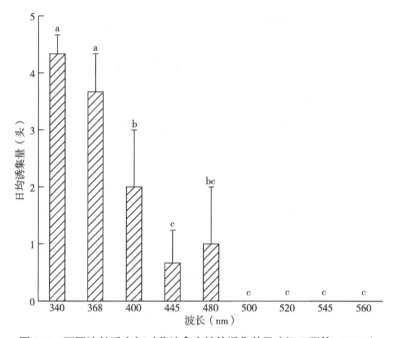

**图 3-1　不同波长诱虫灯对草地贪夜蛾的诱集效果（闫三强等，2021）**

**表 3-1　不同波长诱虫灯对草地贪夜蛾不同性别的诱集情况（闫三强等，2021）**

| 性别 | 波长（nm） | | | | | | | | |
|---|---|---|---|---|---|---|---|---|---|
| | 340 | 368 | 400 | 480 | 445 | 500 | 520 | 545 | 560 |
| 雌 | 3.33±0.33a* | 3.00±0.58ab* | 1.67±0.33b* | 1.00±0.58bc | 0.33±0.33cd | 0d | 0d | 0d | 0d |
| 雄 | 1.00±0.00a | 0.67±0.33ab | 0.33±0.33bc | 0.33±0.33bc | 0c | 0c | 0c | 0c | 0c |

注：表中同一行具有相同小写字母的数据为 α=0.05 水平下 LSD 多重比较无显著差异；同一列数据标有"*"的代表雌、雄蛾的诱集数量在 α=0.05 水平下 T 测验具有显著差异。

# 3.3  性诱剂的诱捕效果及评估

本节将详细介绍性诱剂作为草地贪夜蛾监测技术的应用，包括对诱捕效果的评估、施用方法等相关知识，希望能够为广大农业生产者和科研工作者提供参考和指导。

## 3.3.1  性诱剂的诱捕效果

性信息素是一种化学物质，由特定发生器官分泌释放，用于交配行为的识别和定位。其中的化学成分是物种特异性的，具有高度选择性，对非目标种无识别性（王丽坤等，2015）。近年来，随着科技的快速发展，人工合成的性信息素，即性诱剂，被广泛应用于害虫监测和控制中。性诱剂可以模拟天然的性信息素，吸引雄性害虫，进而实现诱捕和群集控制的目的。目前，性诱剂已成为无公害、高效的害虫监测和控制手段之一。由于草地贪夜蛾具有迁飞性，对其种群进行动态监测是开展防治工作的重要基础，其中性诱剂监测是害虫种群动态监测的常用手段，将性诱监测设备布控在田间，可有效地吸引草地贪夜蛾，提高诱捕效果（孟宪佐，2000）。

草地贪夜蛾性信息素由成虫雌蛾的性腺体分泌、释放，对雄蛾具有强烈引诱作用，能够调控成虫的交配等行为。草地贪夜蛾性信息素可用于干扰交配或迷向害虫，即通过扰乱雌、雄成虫之间的求偶行为减少交配机会，从而使下一代虫口密度急剧下降（孙效等，2021）。性诱剂按照其作用方式可分为两类：一类是直接作用于害虫的嗅觉系统，引诱其飞行或爬行到特定区域，达到诱捕的目的，这类性诱剂的特点是化学成分单一、挥发性强、使用方便，但其缺点是存在部分非目标物种被诱捕的风险；另一类是作用于害虫的性行为，通过模拟雌性害虫发情期释放性信息素，吸引雄性害虫进行交配行为，从而达到诱捕和控制的目的，这类性诱剂的特点是作用期长、目标物种选择性高、无毒性，但其缺点是制备过程复杂、成本较高。

草地贪夜蛾的性信息素成分最早被鉴定为（Z）-9- 十四烯 -1- 醇乙酸酯（Z9-14: Ac）（Sekulaa et al., 1967）。根据文献报道，单独使用 Z9-14: Ac 作为性诱剂时，可以吸引到草地贪夜蛾的雄性，但是吸引效果不理想（Mitchell et al., 1976）；之后又鉴定出了（Z）-9- 十二烯 -1- 醇乙酸酯（Z9-12：Ac）而将这二者混合使用时，诱捕效果明显提高，能够吸引到更多的草地贪夜蛾雄性（Sekulaa et al., 1967）。

性诱剂的诱捕效果受多种因素的影响，包括性诱剂的化学成分、释放速率、释放剂量、诱捕器类型、环境条件等。其中，最主要的影响因素是性诱剂的化学成分和释放速率。

性诱剂的化学成分是影响诱捕效果的关键因素之一。理论上，只要性诱剂的化学成分与目标物种的性信息素成分相同或相似，即可实现诱捕效果。然而，在实际应用中，性诱剂的有效成分往往需要优化，才能达到最佳的诱捕效果。诱捕效果的评估如下。

诱捕量：通过统计诱捕器中捕获到的草地贪夜蛾数量，可以初步了解性诱剂的诱捕效果。一般来说，诱捕器中捕获到≥10 只草地贪夜蛾即可视为有效诱捕。

诱捕率：诱捕率是指在一定时间内，性诱剂所吸引到的草地贪夜蛾数量与田间草地贪夜蛾总量的比例。一般来说，诱捕率越高，说明性诱剂的效果越好。

诱捕效果评估：采用"捕捉指数"或"相对捕捉效率"等评估指数，能够更直观地评估性诱剂的诱捕效果，这些指数都是根据对照组的相近时间段和诱捕器数设置的。具体评估指标如下。

（1）捕捉指数 = $(A-B)/(A+B)$。其中，$A$ 为诱捕器中诱捕到的草地贪夜蛾的数量；$B$ 为对照组中的草地贪夜蛾数量。当捕捉指数 >0 时，说明性诱剂对草地贪夜蛾有一定的吸引作用。

（2）相对捕捉效率 = $(A-B)/B$。其中，$A$ 为诱捕器中诱捕到的草地贪夜蛾的数量；$B$ 为对照组中的草地贪夜蛾数量。当相对捕捉效率 >30% 时，说明性诱剂对草地贪夜蛾的吸引效果比对照组明显提高。

## 3.3.2　影响因素及使用方法

### 3.3.2.1　影响性诱剂诱捕效果的因素

性诱剂的释放速率是影响诱捕效果的另一个重要因素。在实际应用中，性诱剂需要特定的释放速率，以达到最佳的诱捕效果。有研究发现，如果性诱剂的释放速率过慢，将会导致对害虫的吸引作用不足，诱捕效果受限；而如果性诱剂的释放速率过快，则会导致性诱剂的消耗过快，前期诱捕效果好但后期效果不佳。因此，性诱剂在制备过程中需要注重控制其释放速率（王斯亮等，2022）。

性诱剂的诱捕器类型也会影响诱捕效果。常见的诱捕器类型包括粘板、漏斗形和香气袋。其中，香气袋是性诱剂诱捕的主要方式之一。香气袋是一种撒满性信息素的膜袋，具有较长的诱捕时间和较大的使用范围。诱捕架是一种常见的香气袋诱捕器型号，使用简单、诱捕效果稳定，被广泛应用于草地贪夜蛾的监测和控制。此外，还有一些新型诱捕器型号出现，如电子诱捕器等，具有更好的精度和更大的使用范围，是这一领域的研究热点方向（黄美龄等，2022）。

性诱剂的环境条件也是影响诱捕效果的因素之一。由于环境条件复杂多变，完全无法控制，因此只能在试验条件下探究其影响规律，为实际应用提供参考。常见的环境条件包括温度、湿度、光照、风速等。

温度是影响性诱剂稳定性和释放速率的主要因素之一。一般来说，温度在15℃以上时草地贪夜蛾的飞行活动较为活跃，此时性诱剂的诱捕效果较好。但是如果温度太高，草地贪夜蛾的活动会受到限制。湿度对性诱剂的挥发和释放速率也有一定影响。一般来说，湿度越高，性诱剂的释放速率越快，但在极端潮湿的条件下也会导致性诱剂的消耗过快。因此，在试验中需要控制好湿度条件，以实现最佳的诱捕效果。光照会影响性诱剂的释放速率和挥发速度，光照越强、时间越长，性诱剂的释放速率越快。因此，在防控中需要控制好光照条件，以实现最佳的诱捕效果。风速是影响草地贪夜蛾飞行能力的重要因素。风速过大时，草地贪夜蛾的飞行活动会受到限制，此时性诱剂的诱捕效果会降低。风速过大也会影响性诱剂的传播和释放。

### 3.3.2.2  性诱剂的使用

使用时间：草地贪夜蛾的迁飞期在每年 4—9 月，其中 4 月中旬到 6 月中旬是其繁殖高峰期。因此，在繁殖高峰期内，使用性诱剂的效果最佳。

使用场所：性诱剂一般施放在草地贪夜蛾常出没的地方，例如农田、果园、花卉种植园等场所。需要注意的是，施放时应当避开人、畜居住区，并严格按照安全使用指南操作。

使用方法：性诱剂一般通过气溶胶等方式进行施放，具体方法可以参考相关操作说明和安全使用指南。需要注意的是，施放前应仔细查看气象条件，选择风向适宜的时候施放，避免风向直接吹向人、畜居住区。

### 3.3.2.3  使用性诱剂的优点和局限性

（1）优点。

高效性：性诱剂具有高效性和精确性，只吸引目标害虫，不会影响其他生物，可以准确地发现并降低草地贪夜蛾的数量。

环保性：性诱剂作为一种绿色控制方法，不会对环境造成不良影响，也不会对人类健康产生负面影响。

经济性：相较于传统的农药防治方法，性诱剂的使用成本更低，更经济实用（王留洋等，2021）。

（2）局限性。

实用性局限：目前性诱剂的实用性还存在一定局限性，可能因为气象条件或其他环境因素的影响而导致效果不佳，需要进一步提升研发技术水平。

缺乏标准化：由于世界各地草地贪夜蛾的种类及习性差异较大，从而导致性诱剂研发和使用缺乏标准化。

适应时间不定：使用性诱剂可使草地贪夜蛾产卵时间发生变化，但具体产生效果的时间不确定，需要确定具体的防治时间及施用剂量等细节问题（Muthamilselvan et al.，2021）。

### 3.3.3　性诱剂对热带地区草地贪夜蛾的诱捕效果

昆虫信息素，又称昆虫外激素，是昆虫在性成熟后由特定腺体合成并释放到体外的一种微量化学信息物质，其在同种昆虫个体求偶、觅食、栖息、产卵、自卫等过程中起关键作用。昆虫信息素主要包括性信息素、聚集信息素、示踪信息素、报警信息素，其中性信息素具有高度的专一性，不仅可以对靶标害虫的发生期与发生量进行预测预报，有助于指导用药、提高农药使用效率，还能引诱并杀灭靶标雄虫，显著降低靶标害虫的种群数量，减少作物经济损失。为探讨应用性诱剂在热带地区监测草地贪夜蛾的效果，评价了4种性诱剂诱芯的田间诱捕效果，并研究了诱捕器的不同类型和悬挂高度对诱捕效果的影响，旨在筛选出适合在热带地区使用、诱集效果较好的性引诱剂，并明确诱捕器的类型及悬挂高度对诱捕效果的影响，以期为周年繁殖区草地贪夜蛾性诱剂的科学使用提供参考。

试验地点位于中国热带农业科学院儋州院区六坡实验地，周围地势平坦，供试玉米品种为皇冠超甜玉米，海南绿川种苗有限公司市售种子，2019年3月25日播种，试验期为玉米苗期到收获期。供试诱芯分别为宁波纽康生物技术有限公司（简称NK）、中捷四方生物科技股份有限公司（简称ZJ）、深圳百乐宝生物农业科技有限公司（简称BLB）和福建英格尔生物技术有限公司（简称

YGE）4家生产的草地贪夜蛾毛细管诱芯。供试诱捕器采用福建英格尔生物技术有限公司草地贪夜蛾专用桶形诱捕器。

### 3.3.3.1 不同诱芯诱捕效果比较

4种诱芯为4个处理，5次重复，共20个试验小区，随机区组排列。单个诱捕器放置于1亩玉米地的中心，隔20d更换一次诱芯。试验自4月9日开始，持续至6月17日，每日8时记录诱捕器中的虫口数量，并清除收集到的草地贪夜蛾。

4种不同诱芯对草地贪夜蛾的诱集量有明显差异（图3-2）。由图3-2可以看出，4种诱芯在监测草地贪夜蛾均出现2个诱虫峰值，4月24日，NK和ZJ出现第一个峰值，而BLB和YGE的峰值分别在4月18日和4月24日；第二次峰值，ZJ和YGE出现在5月30日，而NK和BLB出现在6月2日，6月8日后诱虫数量明显减少。

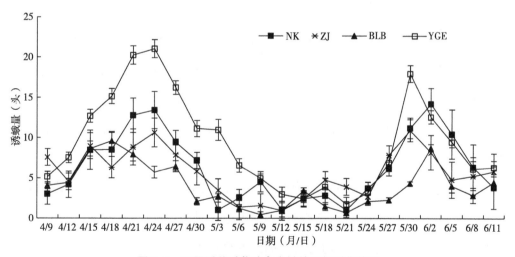

**图3-2 不同诱芯对草地贪夜蛾的田间诱集作用**

各诱芯日均诱捕草地贪夜蛾数量各不相同（图3-3），YGE诱芯日均诱蛾量达9.33头，显著高于其他3种诱芯（$P < 0.05$），其他3种诱芯日均诱捕草地贪夜蛾数量无显著差异。

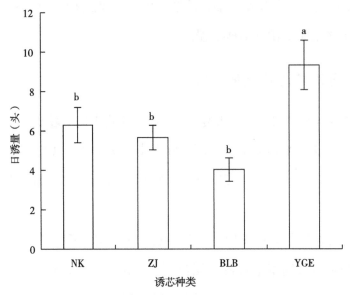

**图3-3 不同诱芯每日诱捕草地贪夜蛾数量比较**

注：图柱上不同小写字母表示差异显著（$P < 0.05$）。

### 3.3.3.2 不同诱捕器效果比较

选择设置船形诱捕器（福建英格尔生物技术有限公司）和桶型形捕器（福建英格尔生物技术有限公司）2个处理，每处理重复5次，随机区组设计。每个诱捕器配置1枚性诱芯（YGE），置于距地面1.5m高度。试验时间为4月27日至6月17日，每日8时记录诱捕器中的虫口数量，并清除收集到的草地贪夜蛾。

船形诱捕器和桶形诱捕器对草地贪夜蛾的诱集量有明显差异，船形诱捕器无明显诱蛾高峰，而桶形诱捕器有明显峰值（5月30日，16.76头）（图3-4）。船形诱捕器和桶形诱捕器平均每日诱捕到的草地贪夜蛾数量分别为8.27头、7.33头，方差分析表明两种诱捕器无显著差异；桶形诱捕器最大日诱蛾量（16.76头）显著高于船形诱捕器（10.59头）（$P < 0.05$）（图3-5）。

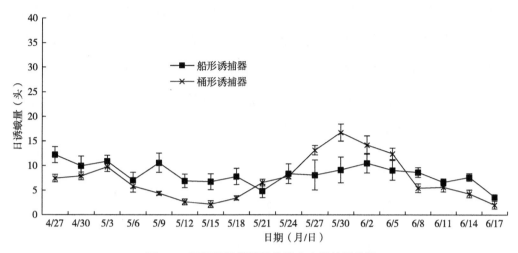

**图 3-4　不同诱捕器诱捕草地贪夜蛾效果比较**

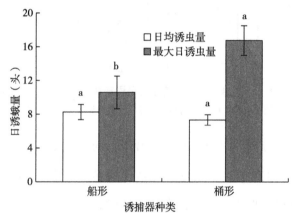

**图 3-5　不同诱捕器每日诱捕草地贪夜蛾数量比较**

注: 相同颜色图柱上不同小写字母表示差异显著($P < 0.05$)。

### 3.3.3.3　悬挂高度效果比较

选择桶形诱捕器（福建英格尔生物技术有限公司）悬挂于 1m、1.5m 和 2m 高度 3 个处理，每处理重复 5 次，随机区组设计。每个诱捕器配置 1 枚性诱芯（YGE），试验时间为 4 月 27 日至 6 月 17 日，分苗期、喇叭口期和抽雄期 3 个时期记录日诱蛾量。试验时间为 4 月 9 日至 6 月 11 日，每日 8 时记录诱捕器中的虫口数量，并清除收集到的草地贪夜蛾。

对诱捕器悬挂不同高度诱捕草地贪夜蛾进行了评价，结果发现不同悬挂高度诱蛾量有显著差异（$P < 0.05$）（图3-6）。苗期，悬挂高度越低，诱蛾量越大，诱捕器悬挂1m高度日诱蛾量8.33头，显著高于1.5m和2m的悬挂高度；喇叭口期，诱捕器悬挂1.5m高度日诱蛾量6.78头，显著高于另两个高度处理；抽雄期，诱捕器悬挂2m和1.5m高度日诱蛾量分别为2.15头、1.61头，方差分析表明两种高度无显著差异，1m高度的诱蛾量最少。

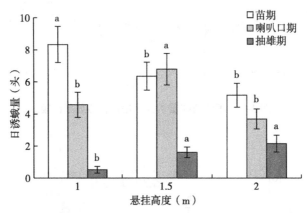

**图3-6　不同悬挂高度诱捕器每日诱捕草地贪夜蛾数量比较**

注：相同颜色图柱上不同小写字母表示差异显著（$P < 0.05$）。

　　不同类型诱捕器搭配不同的诱芯会出现不同的效果，筛选出适合当地区域的诱芯和诱捕器使用技术对于监测草地贪夜蛾至关重要。本研究在海南儋州进行了草地贪夜蛾性诱剂诱芯及诱捕器筛选试验，收集目前市场上主要的草地贪夜蛾诱芯及诱捕器并进行试验，筛选出在海南使用效果较好的草地贪夜蛾诱芯及诱捕器使用方式，为该虫热带地区防控提供依据。诱芯筛选中，4种诱芯对草地贪夜蛾雄蛾均有一定的监测效果，监测过程中均出现一个双峰型的诱虫动态，但各诱芯日均诱捕草地贪夜蛾数量各不相同，YGE诱芯日均诱蛾量显著高于其他3种诱芯，就此方面显示出对草地贪夜蛾雄蛾较好的诱捕效果。

　　诱捕器筛选试验中，桶形诱捕器和船形诱捕器的诱蛾量基本一致，但桶形诱捕器在监测中出现明显的峰值，对于监测草地贪夜蛾来说效果更佳。本试验所显示的当诱芯在玉米苗期悬挂1m高度时诱捕效果最好，喇叭口期和抽雄期悬挂1.5m诱捕效果最好，此结果能否适用于别的时间段的成虫，还需要进一步研究。本试验监测的时间仅为一个玉米种植期，其结果不能完全代表整个热带地区草地贪夜蛾的发生动态，需要进一步大面积观察和研究使用性信息素诱杀草地贪夜蛾的技术。

## 3.4 高空灯监测

高空测报灯（简称高空灯）是一种昆虫预报仪器，也是常用的有害生物监测设备之一，它还包括虫情预报灯、有害生物预警系统等，主要用于监测草地贪夜蛾等迁飞性害虫的野外种群动态，进而采取有效措施进行阻隔，遏制草地贪夜蛾等迁飞性害虫的扩散和蔓延。在农业上，农作物病虫害的发生是不可避免的。我国农作物病虫害防治的方针是"预防为主，综合防治"。在国内高空灯被广泛应用于农业、林业、海关、园艺及科研院校等昆虫和虫情测报领域。随着科学技术的不断发展，高空灯与传统虫情测报灯相比，结构有重大改进，采用了许多现代化新技术和新工艺，为我国农业安全生产提供了重要保障。

高空灯是专门为田间害虫统计开发的简便实用的预报工具，具有自动诱虫、杀虫、分装的功能，还可以配备风速、风向、环境温度、湿度、光照等各种传感器。必要时可以监测环境参数，通过 GPRS 上传实时数据，监测环境与虫害发生之间的关系。此外，高空灯还预留了各种接口，为虫情可视化和在线实时监测提供了支持，被广泛应用于农、林、渔、牧等多个领域。

高空灯一般设置为 1 000W 的金属卤化物灯，是针对草地贪夜蛾等高空迁飞害虫的测报工具，主要针对草地贪夜蛾等高空迁飞性害虫进行重点监控测报工作。设备可设在楼顶、高台等相对开阔处或安装在病虫观测场内来集中诱杀迁飞成虫。开灯期间，每天记录灯下诱虫数量，实时监测草地贪夜蛾成虫的迁飞时间、迁飞路径及迁入量，为准确预报及科学防控提供依据。当高空测报灯下虫量高，而自动虫情测报灯下虫量小时，可能为过境虫源；反之，可能为当地虫源。同时，还要结合对雌蛾的卵巢解剖对虫源性质作出判断。草地贪夜蛾高空测报灯利用自动化技术，在无人监管的情况下，自动完成诱虫、开关机等作业，对起飞迁出、过境、迁入降落虫群均具有较强的诱捕作用，有效测报迁飞性害虫的种群动态。其测报数据反映了高空害虫各代次发生时间及种群数量变动规律，为做好田间迁飞性害虫监测提供了可借鉴的手段和方法。此外，在迁飞性害虫防治中，掌握害虫异地发生动态对做好当地的预测预报至关重要。利用高空测报灯自动诱集害虫，采用物理方法处理虫体，整灯自动运行，可满足虫情测报、昆虫标本采集的需要，减少测报员的工作量，提升测报效率。联网的高空测报灯，可实现对设备的远程管理，帮助用户实现足不出户地了解田间草地贪夜蛾的信息，采集并分析测报数据即可清晰了解田间草地贪夜蛾的发生、发展和传播情况，也可为农户提供实时防控指导，实现农药减量和损害控制、农业生产保质保量。高空测报灯的使用一方面可以有效提高当前农业领域对迁飞性有害生物的监测水平，另一方面也加强了应急防控，及时有效地杀灭有害生物，降低有害生物对农业的生产安全性。除了前面提到能够对草地贪夜蛾的迁飞活动进行测报，还可以起到其他用途，例如免去植保人员亲自下田调查，并提供全天候的虫害监测、实时采集虫情信息等。

目前，高空灯已成为重大迁飞性害虫监测的重要手段，各地对迁飞性有害生物的危害有了深刻的认识，并开始建设迁飞性有害生物监测点。草地贪夜蛾作为2019年入侵海南的重大农业迁飞性害虫之一，严重威胁了海南的粮食和南繁种业安全，为摸清其在海南的发生危害规律，本研究在海口、儋州和三亚开展了草地贪夜蛾高空诱虫灯监测，研究结果表明在一定范围内，随着温度升高飞行（迁飞）活动增强，例如海南4—10月温度较高，草地贪夜蛾的迁飞活动可能相对活跃，从而诱集到的草地贪夜蛾较多。

草地贪夜蛾等迁飞性害虫的防治，关键在于早发现、早防治，利用高空测报灯能及时地、全面地、准确地开展监测预警，有利于及时掌握草地贪夜蛾发生动态并做出有效防控处置，确保草地贪夜蛾不大规模迁飞危害，最大限度减轻灾害损失。高空测报灯一方面可以有效提高当前农业领域对迁飞性害虫的监测预警水平，加强监测预报、分析研判和应急技术研究，另外一方面通过其极强的诱捕作用，还能够直接减少或在一定程度内控制害虫的危害，减少农药用量，对促进农业减药控害，稳产增量具有重要的意义。

高空灯的开关由定时器自动控制，冬季（12月至第二年2月）每晚19时开灯，第二天5时关灯，一共监测10h；其他季节每晚20时开灯，第二天6时关灯，一共监测10h。三亚和海口的监测时间为2019年8月至2021年5月，儋州的监测时间为2019年10月至2021年5月。每日10时以前，将集虫袋换下，取回实验室，放置于−80℃冰箱约1h；待诱集到的昆虫全部被冻死之后取出，找出其中诱集到的草地贪夜蛾雌、雄虫，统计记录雌雄虫数量、诱集时间、诱集地点等相关信息。最后将诱集到的草地贪夜蛾成虫装入冻存管，做好标记后放置于−80℃冰箱中长期保存。

## 3.4.1　海口高空灯下草地贪夜蛾诱虫数量动态分析

由图3-7可知，2019年8月1日至2021年5月31日期间，诱虫数量峰期主要集中在2020年3—10月，其他时间诱虫数量较少，且较为分散，未形成明显的峰期。单晚最高诱虫数量出现在2020年4月24日，为27头。整个监测期内诱集到总计532头草地贪夜蛾，其中雌蛾393头、雄蛾139头，雌雄性比约为2.83∶1，诱集到的雌蛾数量明显多于雄蛾数量。

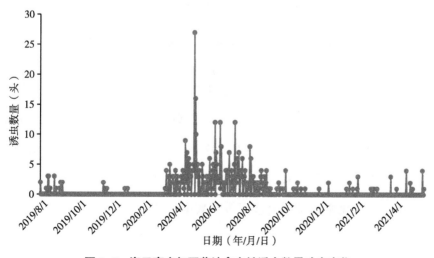

图3-7　海口高空灯下草地贪夜蛾诱虫数量动态变化

### 3.4.2　儋州高空灯下草地贪夜蛾诱虫数量动态分析

由图3-8可知，2019年10月1日至2021年5月31日期间，诱虫数量峰期主要集中在2019年10月至2020年2月，以及2020年4—10月，其他时间诱虫数量较少，且较为分散，未形成明显的峰期。单晚最高诱虫数量出现在2020年7月15日，为9头。整个监测期内诱集到总计205头草地贪夜蛾，其中雌蛾88头、雄蛾117头，雌雄性比约为0.75∶1，诱集到的雌蛾数量明显少于雄蛾数量。

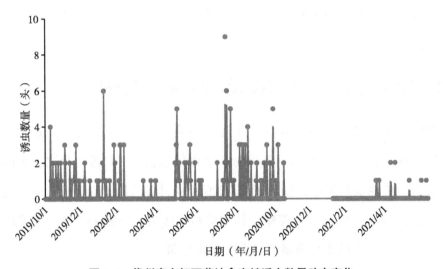

图3-8　儋州高空灯下草地贪夜蛾诱虫数量动态变化

### 3.4.3　三亚高空灯下草地贪夜蛾诱虫数量动态分析

由图3-9可知，2019年8月1日至2021年5月31日期间，诱虫数量峰期主要集中在2020年4—12月，其他时间诱虫数量较少，且较为分散，未形成明显的峰期。单晚最高诱虫数量出现在2020年9月27日，为6头。整个监测期内诱集到总计137头草地贪夜蛾，其中雌蛾105头、雄蛾32头，雌雄性比约为3.28∶1，诱集到的雌蛾数量明显多于雄蛾数量。

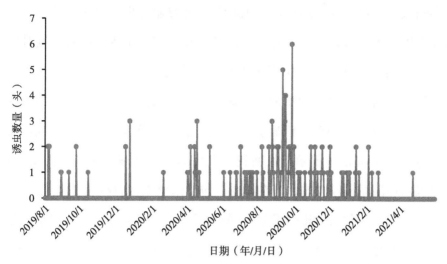

图 3-9　三亚高空灯下草地贪夜蛾诱虫数量动态变化

## 3.4.4　高空灯下草地贪夜蛾诱虫数量与气象因子相关性分析

由表 3-2 可知，海口、儋州和三亚 3 地高空灯下草地贪夜蛾诱集数量均与日平均气温存在极显著的正相关关系，仅海口诱虫数量与降水量存在显著正相关，3 地诱虫数量与相对湿度均无显著相关性。由此可见，日平均气温是影响海口、儋州和三亚高空灯下草地贪夜蛾诱集数量的主要气象因子。

表 3-2　3 地高空灯下诱虫数量与气象因子的相关性

| 地区 | 日平均气温 | 降水量 | 相对湿度 |
| --- | --- | --- | --- |
| 海口 | 0.196** | 0.091 8* | −0.011 7 |
| 儋州 | 0.205** | 0.018 0 | −0.068 0 |
| 三亚 | 0.109** | −0.020 5 | −0.007 99 |

注：表中的数据为相关系数，数据后面"*"表示该相关系数显著，"**"表示该相关系数极显著。

选取了海南海口、儋州及三亚 3 个地点，这 3 个地点正好位于海南的最南、最北及中间，具有较强的代表性。2020 年草地贪夜蛾诱虫量，最南端的三亚主要集中在 4—12 月，中部的儋州主要集中在 4—10 月，而最北边的海口则集中在 3—10 月。因此，2020 年 4—10 月 3 个地点的诱虫量都相对较多，而同时 4—10 月也是海南光热条件及雨水最为充沛的时期。昆虫的飞行（迁飞）活动受温度的影响较大，草地螟、黏虫、稻飞虱等多种农业害虫只有在环境温度大于起飞临界温度时才会开始飞行（迁飞）活动，在一定范围内，随着温度升高飞行（迁飞）活动增强。海南4—10月温度较高，草地贪夜蛾的飞行（迁飞）活动可能相对活跃，从而诱集到的草地贪夜蛾较多。本研究3个地点的日平均气温与草地贪夜蛾诱虫数量均存在极显著正相关关系，而降水量、相对湿度等其他气象因子则无类似关系。玉米是目前我国发生的草地贪夜蛾最喜食的寄主作物，而海南玉米种植面积较大的季节在冬季，包括南繁玉米育种制种以及鲜食玉米。4月开始，玉米的种植面积大幅减少，缺少适宜寄主的草地贪夜蛾可能大量迁往内地，这也会增加高空诱虫灯下草地贪夜蛾诱集数量。

海口和三亚均监测670d，儋州监测533d，而总诱虫量分别为532头、137头和205头，平均每晚的诱虫量均不足1头；姜玉英等2019年在广西、湖南、湖北、河南、陕西、山西、宁夏、天津8省（区、市）的14个点进行观测，草地贪夜蛾总诱虫量12 042头，总观测时间1 706d，日均诱虫量7.06头；日均诱虫量最高在湖南武冈，为33.16头，远远高于本研究中所获得的诱虫量；而河南镇平、陕西兴平、山西万荣、宁夏彭阳、天津津南等地的草地贪夜蛾日均诱虫量也不足1头，与本研究相当。本研究中3地最高单晚诱虫量为27头，湖北、湖南、广西等内地省（区）多地2019年单晚最高诱虫量动辄几百上千，相差较大；而山西、陕西和宁夏等北方省（区），2019年草地贪夜蛾的单晚最高诱虫量均在50头以内，与本研究结果相当。

雌雄性比是迁飞性虫群重要的生物学指标，对迁飞害虫的种群增长有重要影响，合理的雌雄性比，对于迁飞害虫迁入新的生境后，迅速扩大种群，成功定殖有重要意义。灯诱试验中不同种类的昆虫，其雌雄虫上灯比例不尽相同，因此本研究用高空灯诱集到的雌雄虫比例可能与其真实的雌雄比例存在一定的偏差，需要进一步的试验验证。而就本研究得到的结果，在海口和三亚，诱集到的草地贪夜蛾雌虫明显多于雄虫，而在儋州雌虫略少于雄虫。从国内多地草地贪夜蛾的高空灯诱集情况来看，雄虫多的情况要占多数。有研究表明，迁飞害虫的迁出区和迁入区雌雄性比存在偏差，海南是草地贪夜蛾的周年繁殖区，是内地草地贪夜蛾虫源地之一，是迁出区，与内地迁入区雌雄性比有所差异也属于这种情况。儋州诱集到的草地贪夜蛾雌雄性比与海口和三亚不同，而与内地迁入区大多数省份情况类似；儋州也是海南草地贪夜蛾的一个迁入地，在春、夏季，海南南部的草地贪夜蛾北迁，其中可能有一部分降落到了儋州，同时在秋季草地贪夜蛾回迁时，又有部分海南北部的草地贪夜蛾降落到了儋州；再者，隔海相望的越南的部分虫源也可能在一定条件下迁入儋州。

由于监测时间较短，完整的监测年份仅有 2020 年，加之草地贪夜蛾入侵海南并定殖的时间较短，在海南的发生、危害及迁飞的规律性还没完全定型和呈现，所得出的结论可能存在片面性。因此，需要长期对该虫进行监测和研究，摸清其发生危害的规律，为保障海南粮食及南繁种业安全提供支撑。

## 3.5 雷达监测

中国的雷达昆虫学研究起步较晚，1984 年陈瑞鹿等组建了中国第一台车载式厘米波扫描昆虫雷达并用于草地螟迁飞监测。1998 年，中国农业科学院植物保护研究所与无锡海星雷达厂合作，组建了中国第二部厘米波扫描昆虫雷达，主要对北方重大迁飞性害虫如草地螟、棉铃虫、甜菜夜蛾、绿盲蝽等进行监测。2004 年，程登发等引入垂直监测昆虫雷达的设计理念建造了中国第一台垂直监测昆虫雷达并开展了野外监测。

使用雷达监测是现阶段监测迁飞性害虫最为有效的一项技术，可以非常精确地掌握害虫的多种数据，并能分析出气象因素对害虫的具体影响情况。主要工作原理是利用昆虫自身的"回波"，收发组合由天线向空中辐射电磁波，将发射单元经开关送来的电磁波向天空辐射，遇到昆虫时，部分电磁波反射回天线，经收发开关送接收机能准确地监测到目标昆虫飞行的时间、高度和数，并与实际情况相符。用模式参数计算出迁飞害虫的数量、体型、飞向、高度等，并形成监测数据。昆虫迁飞雷达监测技术相比于传统技术，可以获得目标昆虫的飞行高度、方向、速度，以及体型大小、形状、数量和密度等信息，对目标的识别能力更为精确。对空中迁飞昆虫进行持续的雷达监测，可以为昆虫迁飞研究等提供非常有用的信息，有利于进一步深化人类对昆虫迁飞行为的认知。Wolf et al.（1986）利用机载雷达监测到草地贪夜蛾在不同地区的迁飞规律。Westbrook（2008）分析雷达数据和当地气象数据发现，草地贪夜蛾的迁飞时机与气温和风速显著相关，进一步证明了雷达具备监测草地贪夜蛾的迁飞动态。

# ④ 草地贪夜蛾的应急防治

## 4.1 防治策略

为了应对重大入侵害虫草地贪夜蛾给农业带来的潜在巨大威胁，农业农村部和各个省（区、市）及发生地有关部门高度重视，制定了《草地贪夜蛾防控技术方案（试行）》等，广泛宣传相关防控知识，组织监测调查与防控，科研人员也积极行动，展开相关研究工作。

农业农村部2019年发布的《全国草地贪夜蛾防控方案》提出按照严密监测、全面扑杀、分区治理、防治结合的要求，全国范围内分别划分出草地贪夜蛾的周年繁殖区、迁飞过渡区、重点防范区，针对不同的分区采取不同的防控政策，并在全国范围内全面展开南北联动、分区治理、区域合作、逐步落实的防控策略。我国南部的海南、广东、广西、云南，由于气候常年温暖适宜草地贪夜蛾繁殖，划定为周年繁殖区。因此，该区内首先需要做的是进行日常持续防控，确保防控措施的不间断落实实施，尽最大可能减少草地贪夜蛾数量。然后，还需要加强关键时期防控。中部为迁飞过渡区，草地贪夜蛾随5月西南季风迁飞至湖南、湖北、重庆、四川、浙江、福建、江西、上海等地，将在此区域过渡做短暂停留危害农作物和繁殖后，在6—7月继续迁飞至北方玉米主产区。因此，在5月中下旬开始加强中部的防控措施落实，减少草地贪夜蛾过渡迁飞数量。北部为重点防范区，黄淮海夏播玉米区及北方春播玉米区为我国的玉米主产区，直接关系着我国的玉米产量及粮食安全，需重点防控草地贪夜蛾在6—7月出现大量迁入和繁殖的情况。因此，该区域从6月中下旬开始，需全面加强玉米种植区的虫情监测与预报，时刻做好应急防控准备。

2020年又在分区治理策略的基础上，强调优化监测防控措施，大力推进统防统治与应急防治，结合生态调控措施进行草地贪夜蛾综合防控。2021年提出按照主攻周年繁殖区、控制迁飞过渡区、保护重点防范区的策略，强化"三区"联防和"四带"布控，层层阻截诱杀迁飞成虫，全面扑杀幼虫。2019—2021年，3年的防控方案均体现了我国在草地贪夜蛾防控上整体布局、分区治理、区域联合的防控策略，同时由应急防控向高效、精准、绿色防控方向的逐步推进。同时在2020年，中国农业科学院也发布了我国有关草地贪夜蛾的防控方法，提出了采取"应急防控和绿色可持续控制"两步走的防治策略，计划在最初的1～2年内，实施以化学防治、物理防治、生物防治和农业防治为主的传统综合防治技术体系，解决草地贪夜蛾危害的应急防控问题；在应急防控带来的3～5年窗口期内，构建和实施以精准监测预警和迁飞高效阻截等先进技术为核心的可持续技术体系，实现低成本、绿色可持续控制目标。

分区治理对策是指根据草地贪夜蛾周年循环危害习性、从南到北可将草地贪夜蛾的发生区域分为周年繁殖区、迁飞过渡区和重点防范区，根据防控目标及发生时期的不同，侧重不同防控技术，做到群防群治与统防统治相结合。应急防控对策是指迅速采取诱杀和化学防治等措施来控制成虫和幼虫，主要针对的是虫情突发和重发情况。考虑到长期采用化学防治使草地贪夜蛾易产生抗药性，因此，针对长期防控对策更侧重于依靠绿色防控、生态调控来控制草地贪夜蛾的危害。

化学农药具有见效快、使用简单和作用范围广等优势，是防治突发性和暴发性农业害虫的有效手段，化学防治仍是目前首选的关键防控措施，农业农村部于2020年2月公布的草地贪夜蛾应急防治用药推荐名单中，共有28种推荐药剂，其中包含22种化学农药，占比78.6%。现阶段要通过实施以化学防治为主的综合防治策略解决应急防控问题，防止出现因严重危害玉米和小麦等作物而产生粮食安全问题。但这样的技术路线防治投入成本高并存在一定的食品安全风险与较高的环境安全风险。有相关证据表明，草地贪夜蛾对于部分用于紧急防治的化学药物已产生抗药性，而可广泛适用的生物防治方案却迟迟未出台。未来如何筛选或研发作用机理、作用方式独特，防治效果好的新型化学农药十分重要。同时要做好农药抗性的实时监控与登记，扩大生物农药企业规模，增加生物农药研发投入，普及生物防治技术，调整优化农业种植产业模式，做到研究与防治并行，最终实现草地贪夜蛾的绿色高效可持续控制。综合防治方法从实际效果来看，十分有效。对比投入与产出，虽然该防治方法略增加投入，但产出大大增加，综合来看，经济效益有较大提升，值得大面积推广。

自发现草地贪夜蛾入侵以来，在全国各级政府高度重视草地贪夜蛾防控工作和相关政策的支持下，经过植保工作者的共同努力，已基本完成了草地贪夜蛾防控工作的第一步，防治已经取得初步成效，为制定草地贪夜蛾的有效防控方案和成功遏制其蔓延危害提供了重要的技术支撑。目前正逐步建立监测预警和迁飞阻截系统。

种群监测预警是应急防控工作的基础，可采用性诱捕、灯光诱捕和田间调查3种方法。性诱捕具有很强的灵敏性，适合种群发生早期低密度下的监测工作，也可通过测量雄蛾精巢长轴长度推断雌蛾的生殖发育和产卵动态。由于草地贪夜蛾的趋光性明显低于棉铃虫等其他夜蛾类害虫，灯光诱捕的方法不够灵敏，但可用于高密度下的种群监测。通过成虫性诱和灯诱的方法可以对田间种群发生进行短期预测，生产上依据短期预测结果及时启动田间实际发生情况的调查工作，并基于调查数据指导防控实践。随着现代信息技术的发展，害虫监测预警工作有了巨大的进展。中国昆虫雷达的应用技术已趋于成熟，通过组建雷达网。利用雷达网的大尺度监测和高空灯、地面灯、性诱捕器的小尺度监测网的一体化运行，可以精准监测草地贪夜蛾的成虫迁移动态，并通过网络实时发布。通过加强虫情监测调查，依据迁飞监测结果，抓住异地成虫迁入早期、田间幼虫发生早期，在迁出虫源区和迁飞通道及降落地区建设灯诱、食诱的天罗地网，最大限度地降低成虫发生密度，最好将虫口数量压低在经济损失允许水平以下。可持续防控技术体系以"预防为主，综合防治"为指导原则，以绿色防控技术为支撑，抓住关键时期、重点地区，实施科学防控，提升草地贪夜蛾可持续治理范围和水平，有效控制草地贪夜蛾发生为害。

由于草地贪夜蛾已经入侵中国的区域和未来可能入侵的区域较为广泛，不同区域之间地理环境、气候条件和作物种植制度等差异较大，因此，因地制宜，制定合理的防控策略，研发高效、低风险的防控技术，从而更好地开展预防与控制。草地贪夜蛾是一种世界性、迁飞性和毁灭性的重大害虫，防治工作需要多部门和多地区协同推进。要坚持"预防为主，综合防治"的植保方针，牢固树立"公共植保、绿色植保"两个理念，不断完善"政府主导、属地管理、联防联控"重大病虫防控工作机制。要确立政府主导的公共植保体制，成立以政府主管领导挂帅的草地贪夜蛾防控指挥部，认真落实公共植保理念，将草地贪夜蛾防控上升为政府行为。

# 4.2 经济阈值

经济阈值（Economic threshold，ET）或行动阈值（Action threshold，AT）是害虫综合管理（Integrated pest management，IPM）的关键决策标准，反映了为防治害虫种群超过经济危害水平（Economic injury level，EIL）而采取防治措施（使用化学或生物杀虫剂）的最低害虫密度。经济危害水平反映了杀虫剂防治后的经济增益等于总防治费用时的确切害虫密度（Stern et al.，1973）。

通过喷施杀虫剂将草地贪夜蛾幼虫的密度分为 7 个梯度，如每 20 株玉米 0 只、4 只、8 只、12 只、16 只、20 只、24 只幼虫。0 只幼虫处理为对照组。在玉米蜡熟期收获玉米穗，并测定新鲜重量。经济危害水平计算公式如下。

$$EIL = \frac{C}{V \times I \times D \times K}$$

式中，$C$ 为杀虫剂应用成本，包括人工和杀虫剂购买成本，鉴于杀虫剂价格波动较大，设定了 25% 的上下波动范围；$V$ 为每千克玉米的售价；$I$ 是给定害虫造成的产量损失；$D$ 是害虫密度与玉米产量之间的回归斜率；$K$ 是使用杀虫剂后产量损失的减少比例。经济阈值被确定为低于 EIL 20%。

农业农村部在 2019 年 7 月发布《全国草地贪夜蛾防控方案》推荐指标，其中周年繁殖区的化学防治指标为：玉米苗期（7 叶以下）至小喇叭口期（7 ~ 11 叶）被害株率 5%，大喇叭口期（12 叶）以后 10%，未达标区点杀点治。笔者通过在海南进行田间试验建议玉米各时期草地贪夜蛾防治的经济阈值分别为：苗期（4 ~ 6 叶，V4 ~ V6）8 ~ 13 头/100 株、小喇叭口期（8 ~ 10 叶，V8 ~ V10）20 ~ 33 头/100 株、大喇叭口期（12 ~ 14 叶，V12 ~ V14）28 ~ 47 头/100 株、抽穗期 13 ~ 22 头/100 株。

## 4.2.1 不同危害时期不同虫口密度对玉米的为害情况

由表 4–1 可知，两季玉米的危害程度与虫口密度的变化趋势基本一致，玉米总产量存在一定的差别，不同时期玉米叶片上接虫对产量造成不同程度的影响，呈正相关关系，两季玉米的总产量在不同虫口密度下呈相同的变化趋势。

V4 ~ V6：危害程度随虫口密度的增加而显著增加，两季玉米危害程度的差异相对较大，对危害程度进行显著性分析，各梯度之间均具有显著性差异，存在明显的线性相关关系；两季玉米的总产量随虫口密度的增加而显著降低，在 4 头/20 株的密度下，其总产量均高于对照，在 8 头/20 株以及高于 8 头/20 株的密度下，其总产量始终低于对照产量。第一季玉米中，对照、4 头/20 株和 8 头/20 株处理的总产量之间没有显著性差异，其他处理间均存在显著性差异；第二季玉米中，仅 4 头/20 株处理的总产量和对照没有显著性差异，其他处理间均存在显著性差异。

表 4-1 不同时期不同虫口密度取食玉米危害参数

| 季度 | 虫口密度 (头/20株) | V4~V6 | | V8~V10 | | V12~V14 | |
|---|---|---|---|---|---|---|---|
| | | 危害程度（%） | 总产量（kg） | 危害程度（%） | 总产量（kg） | 危害程度（%） | 总产量（kg） |
| 第一季 | 0 | — | 11.88±0.270 9ab | — | 11.88±0.270 9a | — | 11.88±0.270 9ab |
| | 4 | 21.25aA | 12.00±0.150 0aA | 26.84aB | 11.98±0.155 4aA | 11.76aC | 11.90±0.113 3aA |
| | 8 | 25.96bA | 11.56±0.424 6bA | 29.83bB | 12.11±0.275 4aB | 12.30aC | 12.10±0.121 2aB |
| | 12 | 27.23cA | 9.85±0.237 0cA | 30.33bB | 11.64±0.265 5bB | 18.54bC | 11.76±0.245 4bC |
| | 16 | 28.64dA | 8.75±0.220 2dA | 33.58cB | 10.97±0.356 4cB | 20.11cC | 11.42±0.264 1cC |
| | 20 | 30.54eA | 7.98±0.235 6eA | 35.45dB | 10.56±0.155 8dB | 20.84dC | 11.11±0.422 1dC |
| | 24 | 31.44fA | 7.40±0.455 6fA | 36.11dA | 10.21±0.117 5dB | 21.03dB | 10.92±0.123 5dC |
| 第二季 | 0 | — | 12.08±0.144 9a | — | 12.08±0.144 9a | — | 12.08±0.144 9ab |
| | 4 | 20.12aA | 12.12±0.410 2aA | 26.77aB | 12.10±0.345 2aA | 11.54aC | 12.11±0.322 1aA |
| | 8 | 25.76bA | 11.54±0.566 7bA | 29.56bA | 12.21±0.322 4aB | 13.15bB | 12.18±0.224 1aB |
| | 12 | 26.83cA | 10.04±0.511 5cA | 31.43cB | 11.43±0.115 5bB | 18.21cC | 11.85±0.223 3bB |
| | 16 | 28.56dA | 8.58±0.113 6dA | 34.02bB | 10.67±0.411 6cB | 19.87dC | 11.51±0.342 1cC |
| | 20 | 31.12eA | 7.87±0.239 2eA | 35.88cB | 10.30±0.335 4dB | 20.56eC | 11.18±0.312 1dC |
| | 24 | 32.21fA | 7.54±0.214 1eA | 36.42eA | 10.11±0.244 1dB | 20.86eB | 10.97±0.221 5dC |

注：表中小写字母表示在 5% 水平显著，大写字母表示在 1% 水平极显著。

V8～V10：危害程度随虫口密度的增加而显著增加，第一季玉米中，8头/20株和12头/20株处理的危害程度之间没有显著性差异，20头/20株和24头/20株处理在两季玉米中均没有显著性差异；两季玉米总产量的差值在V8～V10时期最大，低于8头/20株密度时，第二季玉米总产量较高，高于8头/20株密度时，第一季玉米总产量较高，两季玉米在4头/20株和8头/20株处理的总产量均高于对照，并且三者间没有显著性差异，表明玉米在V8～V10时期的补偿能力约等于8头/20株密度下（4头/20株处理的总产量更接近对照）3龄草地贪夜蛾幼虫的危害能力。

V12～V14：危害程度随虫口密度的增加而增加，两季玉米的危害程度差别相对较小，玉米总产量随虫口密度的增加呈先上升后降低的趋势，两季玉米中，4头/20株和8头/20株处理的总产量高于对照，4头/20株、8头/20株和12头/20株处理与对照之间均没有显著性差异，表明玉米在V12～V14时期对草地贪夜蛾幼虫的忍耐能力更强。

对比不同时期相同处理可知，在3个时期中，V12～V14时期的危害程度最低，V4～V6时期次之，V8～V10时期的危害程度最高。但V8～V10时期的总产量在相同虫口密度下高于V4～V6时期，4头/20株处理在3个时期的总产量没有显著性差异。随着虫口密度的增加，V12～V14时期与V4～V6和V8～V10时期总产量的差值逐渐增加，表明V4～V6时期受到草地贪夜蛾的侵害对总产量的影响最大。两季玉米在相同虫口密度下的危害程度的差值大小为V4～V6>V8～V10>V12～V14；总产量的差值大小为V8～V10>V4～V6>V12～V14。

## 4.2.2 虫口密度对玉米危害程度的影响

不同虫口密度对玉米叶片危害等级分布情况见表4-2，危害叶片0级和1级占比最大，随着虫口密度的增加，叶片被害程度加重，危害等级开始向高级别偏移，V8～V10时期的高等级危害叶占比最高，在4头/20株处理下已经出现4级和5级危害叶，表明草地贪夜蛾幼虫对V8～V10时期玉米叶片的取食量更大，V4～V6时期次之，V12～V14时期的取食量最小，表明其经济阈值的范围更广，农业农村部也未明确给出 V12 ～ V14 时期的防治指标。

由图 4-1 可看出，两季玉米的叶片危害程度随虫口密度的增加而加重，相同虫口密度下 V12 ～ V14 时期的危害程度最低。随着虫口密度的增大，危害程度增加的趋势变缓，和草地贪夜蛾幼虫的存活率变化情况相符合（图 4-2），密度越高，存活率越低。结合表 4-2 数据对两季玉米的虫口密度和产量进行回归分析，可得出各个时期的平均回归方程：

V4 ～ V6      $y=0.06\ln(x)+0.125\,8$      ($R^2=0.982\,7$)      (4-2)

V8 ～ V10     $y=0.05\,46\ln(x)+0.186\,3$      ($R^2=0.960\,0$)      (4-3)

V12 ～ V14    $y=0.058\,9\ln(x)+0.027\,5$      ($R^2=0.933\,1$)      (4-4)

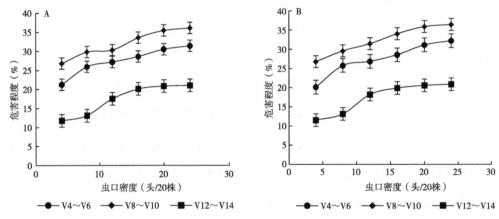

注：A、B 分别代表第一季玉米、第二季玉米虫口密度与危害程度的关系，图中数值为平均值 ± 标准误。

**图 4-1　虫口密度对玉米危害程度的影响**

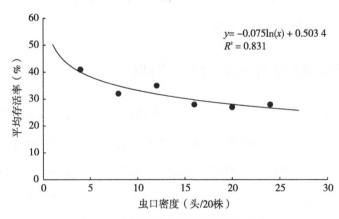

**图 4-2　虫口密度与平均存活率的关系**

表4-2 玉米危害等级分布状态

| 时期 | 虫口密度（头/20株） | 第一季（%） | | | | | | 第二季（%） | | | | | |
|---|---|---|---|---|---|---|---|---|---|---|---|---|---|
| | | 0级 | 1级 | 2级 | 3级 | 4级 | 5级 | 0级 | 1级 | 2级 | 3级 | 4级 | 5级 |
| V4～V6 | 0 | 100 | 0 | 0 | 0 | 0 | 0 | 100 | 0 | 0 | 0 | 0 | 0 |
| | 4 | 38.52 | 26.26 | 25.66 | 9.56 | 0 | 0 | 40.55 | 27.60 | 22.66 | 9.19 | 0 | 0 |
| | 8 | 29.73 | 28.43 | 27.24 | 14.60 | 0 | 0 | 29.55 | 28.52 | 27.33 | 14.60 | 0 | 0 |
| | 12 | 28.00 | 28.49 | 26.64 | 13.24 | 3.63 | 0 | 28.51 | 28.42 | 26.61 | 13.12 | 3.34 | 0 |
| | 16 | 27.47 | 25.82 | 27.51 | 15.32 | 3.88 | 0 | 26.42 | 27.61 | 27.21 | 14.32 | 3.88 | 0.56 |
| | 20 | 24.72 | 29.45 | 19.25 | 20.15 | 6.43 | 0 | 25.36 | 26.88 | 22.11 | 18.23 | 6.53 | 0.89 |
| | 24 | 20.32 | 30.64 | 20.33 | 21.34 | 6.5 | 0.87 | 24.21 | 26.49 | 21.54 | 20.31 | 6.50 | 0.95 |
| V8～V10 | 0 | 100 | 0 | 0 | 0 | 0 | 0 | 100 | 0 | 0 | 0 | 0 | 0 |
| | 4 | 34.54 | 25.69 | 21.2 | 10.11 | 6.23 | 2.23 | 32.54 | 25.69 | 25.30 | 11.11 | 4.23 | 1.16 |
| | 8 | 31.58 | 24.54 | 22.45 | 11.48 | 5.22 | 4.73 | 31.16 | 25.65 | 21.97 | 11.36 | 5.22 | 4.64 |
| | 12 | 28.76 | 23.74 | 24.58 | 13.14 | 5.53 | 4.25 | 29.94 | 24.54 | 23.58 | 12.14 | 4.53 | 5.27 |
| | 16 | 24.42 | 25.10 | 24.36 | 14.68 | 6.88 | 4.56 | 25.42 | 25.12 | 22.34 | 15.68 | 5.88 | 5.56 |
| | 20 | 23.01 | 25.12 | 22.13 | 16.32 | 7.53 | 5.89 | 25.24 | 23.84 | 20.13 | 17.33 | 6.54 | 6.92 |
| | 24 | 25.38 | 22.05 | 20.16 | 18.33 | 7.54 | 6.54 | 23.22 | 25.05 | 18.16 | 19.33 | 7.13 | 7.11 |
| V12～V14 | 0 | 100 | 0 | 0 | 0 | 0 | 0 | 100 | 0 | 0 | 0 | 0 | 0 |
| | 4 | 61.99 | 18.69 | 14.31 | 5.01 | 0 | 0 | 62.99 | 18.64 | 12.24 | 6.13 | 0 | 0 |
| | 8 | 57.19 | 20.12 | 15.34 | 7.35 | 0 | 0 | 57.66 | 21.37 | 14.65 | 6.32 | 0 | 0 |
| | 12 | 50.67 | 22.22 | 16.35 | 9.87 | 0.89 | 0 | 50.02 | 20.36 | 17.63 | 10.64 | 1.35 | 0 |
| | 16 | 47.21 | 16.12 | 18.34 | 14.68 | 3.65 | 0 | 48.63 | 18.01 | 18.27 | 13.08 | 2.01 | 0 |
| | 20 | 47.43 | 17.34 | 19.13 | 13.56 | 2.54 | 0 | 45.48 | 20.89 | 18.87 | 14.21 | 0.55 | 0 |
| | 24 | 45.01 | 20.05 | 18.16 | 15.31 | 1.13 | 0.34 | 45.93 | 24.21 | 15.87 | 11.75 | 1.78 | 0.46 |

危害等级分布状态

上述方程，可在已知危害程度的情况下计算出其虫口密度，通过危害程度和总产量的关系可计算出对照处理对应的危害程度，可得出和对照处理产量一致的虫口密度，在该密度下，可以不防治，并且对玉米产量没有影响。

### 4.2.3  虫口密度对玉米总产量的影响

由图 4-3 可知，虫口密度低于 12 头/20 株时，V8 ～ V10 时期和 V12 ～ V14 时期的玉米产量均高于对照产量，对于 V4 ～ V6 时期，8 头/20 株的密度就可对玉米产量造成极大的影响，结合表 4-1 的数据，对两季玉米的总产量进行回归分析，可得出各个时期的平均回归方程：

| | | | |
|---|---|---|---|
| V4 ～ V6 | $y = -0.250\,8x + 13.113$ | （$R^2 = 0.967\,9$） | （4-5） |
| V8 ～ V10 | $y = -0.109\,3x + 12.721$ | （$R^2 = 0.940\,6$） | （4-6） |
| V12 ～ V14 | $y = -0.061\,6x + 12.447$ | （$R^2 = 0.923\,8$） | （4-7） |

将第一季对照处理的总产量分别代入式（4-5）至式（4-7），得出对应的虫口密度分别为 5 头/20 株、7 头/20 株、9 头/20 株；将第二季对照处理的总产量分别代入式（4-5）至式（4-7），得出对应的虫口密度分别为 4 头/20 株、5 头/20 株、6 头/20 株。表明在该虫口密度下，草地贪夜蛾幼虫为害玉米叶片对产量不造成影响，经济阈值应高于此虫口密度。

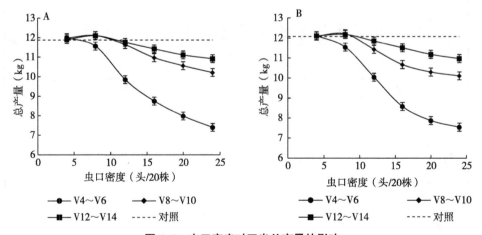

**图 4-3  虫口密度对玉米总产量的影响**

注：A、B 分别代表第一季玉米、第二季玉米虫口密度与总产量的关系，图中数值为平均值 ± 标准误。

### 4.2.4 玉米危害程度对玉米总产量的影响

由图4-4可知，危害程度和总产量之间的回归关系较复杂，误差较大，因此，以虫口密度为中间变量，综合方程式（4-2）至式（4-4）和式（4-5）至式（4-7），得出玉米危害程度与总产量的关系方程。将两季玉米的对照处理对应的虫口密度代入方程，得出第一季对照处理对应的危害程度分别为22.23%、29.26%、15.69%；第二季对照处理对应的危害程度分别为20.90%、27.42%、13.30%。与表4-2数据进行对比，结果一致，证明结果的准确性。

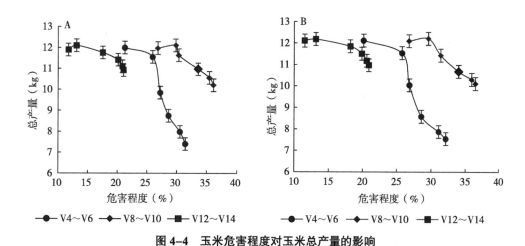

图4-4 玉米危害程度对玉米总产量的影响

注：A、B分别代表第一季玉米、第二季玉米危害程度与总产量的关系，图中数值为平均值±标准误。

### 4.2.5 各时期经济阈值的确定

由图4-5可知，当虫口密度低于10头/20株时，V8～V10和V12～V14时期的产量损失率均为负值，因此，经济阈值不在此范围内。随着虫口密度的增加，V4～V6和V8～V10时期的产量损失率变化情况较符合对数模型，V12～V14时期较符合多项式模型，利用函数模型进行回归分析可得平均回归方程：

$$V4 \sim V6 \qquad y = 0.233\,7\ln(x) - 0.388\,4 \qquad (R^2 = 0.930\,0) \qquad (4\text{-}8)$$

$$V8 \sim V10 \qquad y = 0.097\,2\ln(x) - 0.183\,4 \qquad (R^2 = 0.823\,2) \qquad (4\text{-}9)$$

$$V12 \sim V14 \qquad y = 0.000\,2x^2 + 0.000\,9x - 0.025 \qquad (R^2 = 0.950\,8) \qquad (4\text{-}10)$$

把式（4-8）至式（4-10）代入经济阈值公式中，防治效果 $G$ 取90%，不受害时作物的期望产量 $Y$ 取玉米3 000～3 500株/亩的范围，可得出不同时期的经济阈值范围，经过调查，将亩产量定为500～900kg，市场价格定为2元/kg，防治总费用为100元/亩，$F$ 值取1，经计算得：

$$V4 \sim V6 \qquad \text{经济阈值为6～8头/20株}$$

$$V8 \sim V10 \qquad \text{经济阈值为12～20头/20株}$$

$$V12 \sim V14 \qquad \text{经济阈值为19～24头/20株}$$

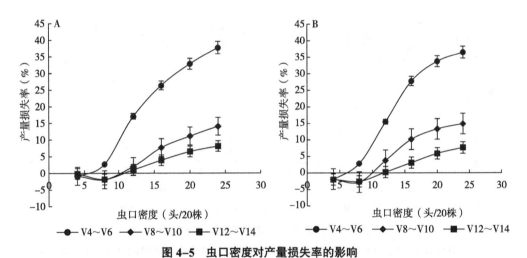

图 4-5　虫口密度对产量损失率的影响

注：A、B分别代表第一季玉米、第二季玉米虫口密度与产量损失率的关系，图中数值为平均值 ± 标准误。

## 4.3　防治药剂筛选

国外用于防控草地贪夜蛾的化学农药主要有氯虫苯甲酰胺、溴氰虫酰胺、氟虫双酰胺、乙基多杀菌素、茚虫威、高效氯氟氰菊酯、甲氧虫酰肼、双苯氟脲等。草地贪夜蛾入侵我国后，农业农村部紧急发布应急防控的用药推荐名单，包括 8 种单剂、6 种生物制剂及 14 种复配制剂。国内学者相继开展了化学药剂毒力及防效研究。

## 4.3.1　防治药剂筛选方法

### 4.3.1.1　试验处理

选择土肥条件一致的区域作为试验地，记录试验地面积、土壤的土质、土壤的肥力、试验对象和试验作物生长期情况、试验时期草地贪夜蛾的龄期。

选择供试药剂并记录每个供试药剂名称及生产公司。根据试验地面积和作物，确定供试药剂用量、小区数量和每个小区面积大小。每个试验处理 3 个重复并设清水对照，小区可以采取随机排列，相邻两小区间可以设置 1m 作为保护行不进行调查。

### 4.3.1.2　施药方法

试验前和试验中不施用任何其他防治药剂。施药可选择背负式手动喷雾器或 3WBD-20 型背负式电动喷雾器进行喷雾处理，重点喷作物受害处，喷雾均匀周到。施药时需天气晴朗。

记录第一次施药时间，每小区药液量。施药当天调查虫口基数，并于施药后第 3 天、第 5 天、第 7 天、第 10 天和第 14 天调查草地贪夜蛾存活虫数，共调查 6 次，调查虫口密度可以采取对角线五点取样法调查各小区。

同时，可以在记录草地贪夜蛾虫口密度时对每个小区中的植株进行调查，每次调查 100 株，记录被害株数、虫龄大小。分别于第 3 天、第 5 天、第 7 天、第 10 天和第 14 天调查每小区中被害株数，确定新增被害株数。还可以观察各施药处理是否会造成药害。

### 4.3.1.3 调查统计方法

（1）采用 DPS 处理系统对各处理的虫口减退率和防效进行统计分析，采用 Duncan's 新复极差法进行多重比较。

（2）利用 SPSS 20.0 软件，采用单因素 ANOVA 方差分析中的 Duncan's 新复极差法对数据进行统计分析。

（3）计算公式。

$$虫口减退率 = \frac{（施药前虫口数 - 施药后虫口数）}{施药前虫口数} \times 100\%$$

$$防治效果 = \frac{（处理区虫口减退率 - 对照区虫口减退率）}{（1 - 对照区虫口减退率）} \times 100\%$$

## 4.3.2 化学和生物药剂筛选

防效较好的部分防治药剂如下。

100 亿孢子/mL 短稳杆菌悬浮剂：速效性相对低，前期防效较低，但是药后第 14 天防效即达到 86.79%。

80 亿孢子/mL 金龟子绿僵菌 CQMa421 可分散油悬浮剂：药后第 3 天防效为 50.73%，速效性较差，但药后第 7 天防效即可达到 91%。

15% 甲维·茚虫威悬浮剂：药后第 3 天防效为 62%，相对较低，但药后第 7 天防效即达到 85.19%。

3% 甲氨基阿维菌素·氟铃脲乳油：具有较好速效性，药后第 3 天防效即达到或接近 70%，药后第 14 天防效即达到 81.04%。

5.7% 甲氨基阿维菌素苯甲酸盐水分散粒剂：具有较好速效性，药后第 3 天防效即达到或接近 70%，药后第 14 天防效即达到 84.73%。

20% 氯虫苯甲酰胺悬浮剂：具有较好速效性，药后第 3 天防效即达到或接近 70%，但药后第 7 天防效即达到 86.67%。

5% 甲维盐乳油：药后第 3 天防效为 73%，药后第 7 天防效即可达到 92%。

35% 氯虫苯甲酰胺水分散粒剂：药后第 3 天防效为 77%，药后第 7 天防效即可达到 94%。

30% 氟铃脲·茚虫威悬浮剂：药后第 3 天防效为 79.62%，药后第 7 天防效即可达到 95%。

14% 氯虫·高氯氟悬浮剂：药后第 3 天防效为 80%，药后第 7 天防效为 84.6%。

20 亿 /mL 甘蓝夜蛾核型多角体病毒：药后第 3 天防效为 80%，药后第 7 天防效即可达到 90%。

40% 氯虫·噻虫嗪水分散粒剂：药后第 3 天防效为 81%，药后第 7 天防效为 85.7%。

5% 甲维·高氯氟水乳剂：药后第 3 天防效为 83.8%，药后第 7 天防效为 87.5%。

12% 甲维·虫螨腈悬浮剂：药后第 3 天防效为 84.7%，药后第 7 天防效为 88.2%。

25% 乙基多杀菌素水分散粒剂：药后第 3 天防效为 88.42%，速效性较好，药后第 7 天防效即可达到 95%。

25% 甲维·茚虫威水分散粒剂：药后第 3 天防效为 99.05%，速效性极好，药后第 7 天防效即可达到 100%。

## 4.3.2.1 试验材料和方法

草地贪夜蛾成虫监测选用漳州市英格尔农业科技有限公司生产和提供的草地贪夜蛾性信息素诱芯和诱捕器，诱芯有效成分为顺 -9- 十四碳烯乙酸酯和顺 -7- 十二碳烯乙酸酯，含量 ≥（0.5±0.05）mg，缓释载体为毛细管［尺寸（80±2）mm，内径 0.5mm，外径 2.0mm，材质 PVC］。诱捕器为桶形诱捕器，绿色防控试验药剂信息见表 4-3。

表4-3 试验药剂信息

| 编号 | 药剂种类 | 药剂名称 | 使用剂量（每15kg水中的加入量） | 生产厂家 |
|---|---|---|---|---|
| 1 | | 3% 甲氨基阿维菌素苯甲酸盐 ME | 30mL | 湖南泽丰农化有限公司 |
| 2 | | 5% 虱螨脲 SC | 25mL | 江苏常青生物科技有限公司 |
| 3 | 化学农药 | 24% 虫螨腈 SC | 15mL | 陕西华戎凯威生物有限公司 |
| 4 | | 20% 氯虫苯甲酰胺 SC | 10g | 美国杜邦（中国）有限公司 |
| 5 | | 5% 溴虫氟苯双酰胺 SC | 10mL | 中农立华生物科技股份有限公司 |
| 6 | 生物农药 | 100 亿孢子/mL 短稳杆菌 SC | 30mL | 镇江市润宇生物科技开发有限公司 |
| 7 | | 4 000IU/μL 苏云金杆菌 SC | 50mL | 山东鲁抗生物农药有限责任公司 |

注：ME 表示微乳剂；CS 表示悬浮剂。

试验地点位于福建省漳州市龙海区东园镇东宝村，北纬24°23′07″，东经117°51′35″，试验田块面积0.67hm²，测试作物为秋玉米，品种为广良甜27号，土质为黏质土，肥力中等，地势相对较平，排水和灌溉方便，试验小区农事操作均一致。2021年9月2日开始播种，集中育苗，9月20日人工单行单株移栽，种植密度2 800株/亩。玉米移栽5d后开始施药，田间草地贪夜蛾又开始发生，各虫态均可查见，以低龄幼虫为主。

草地贪夜蛾周年成虫发生情况动态监测：监测点安装3个诱捕器，每个诱捕器与田埂距离大于5m，且诱捕器之间间隔50m。玉米苗期阶段，3个诱捕器呈正三角形放置于田块中央；成株期阶段，诱捕器呈一条直线排列于田埂上。诱捕器放置高度为距田块表面1m，每间隔7d调查1次诱捕器内成虫数量，每15d更换一次诱芯。监测时间为2021年1月1日至2021年12月31日，监测地点同试验地点。

草地贪夜蛾绿色防控试验设计：试验共设计了4个处理组，分别是化学农药处理、化学农药＋生物农药处理、生物农药处理和空白对照，每个处理重复3次，共12个小区，每个小区面积0.06hm²，试验地水肥管理正常，四周设保护行，试验设计见表4-4。

表 4-4　草地贪夜蛾药剂防控试验设计

| 用药时间 | 试验处理区 | | | |
| --- | --- | --- | --- | --- |
| | 化学农药 | 化学农药 + 生物农药 | 生物农药 | CK |
| 9 月 25 日 | 3% 甲氨基阿维菌素苯甲酸盐 ME 500 倍液 | 3% 甲氨基阿维菌素苯甲酸盐 ME 500 倍 +100 亿孢子/mL 短稳杆菌 SC500 倍液 | 100 亿孢子/mL 短稳杆菌 SC 500 倍液 | — |
| 10 月 5 日 | 20% 氯虫苯甲酰胺 SC1 500 倍液 +5% 虱螨脲 SC 600 倍液 | 3% 甲氨基阿维菌素苯甲酸盐 ME 500 倍 +4 000IU/mL 苏云金杆菌 SC 500 倍液 | 4 000IU/mL 苏云金杆菌 SC 500 倍液 | — |
| 10 月 22 日 | 20% 氯虫苯甲酰胺 SC 1 500 倍 +24% 虫螨腈 SC 1 000 倍液 | 20% 氯虫苯甲酰胺 SC 1 500 倍 +100 亿孢子/mL 短稳杆菌 SC 500 倍液 | 100 亿孢子/mL 短稳杆菌 SC 500 倍液 | — |
| 11 月 9 日 | 5% 溴虫氟苯双酰胺 SC 1 500 倍液 | 5% 溴虫氟苯双酰胺 SC 1 500 倍液 | 4 000IU/mL 苏云金杆菌 SC 500 倍液 | — |
| 12 月 1 日 | 3% 甲氨基阿维菌素苯甲酸盐 ME 500 倍液 | 4 000IU/μL 苏云金杆菌 SC 500 倍液 | 100 亿孢子/mL 短稳杆菌 SC 500 倍液 | — |

### 4.3.2.2　草地贪夜蛾成虫种群发生动态

　　从草地贪夜蛾成虫种群动态分析可知（图 4-6），草地贪夜蛾成虫在福建龙海周年发生，发生期主要在 4—12 月，监测期内共出现 2 个明显高峰，峰值明显，时间分别为 2021 年 5 月 30 日和 10 月 10 日。全年最高诱蛾量在 10 月 10 日，3 个诱捕器诱蛾总量 428 头，平均每个诱捕器 142.67 头，诱捕量占全年诱蛾量的 15.19%。

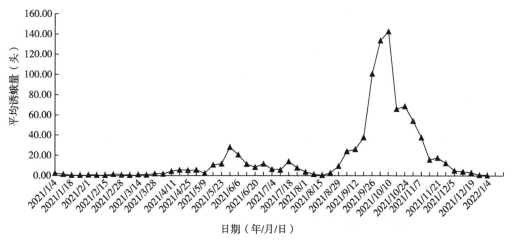

图 4-6　2021 年福建龙海草地贪夜蛾成虫种群动态

### 4.3.2.3　对玉米安全性影响

对化学农药防治区、化学农药＋生物农药防治区、生物农药防治区各处理区及对照区的玉米植株进行对比观察，药后调查未发现嫩叶皱缩、叶片出现药害斑点、植株生长点受阻、矮化等药害现象。同时观察到玉米田间有蜘蛛、瓢虫、蜜蜂等生物活动，说明供试的药剂对玉米植株安全，对天敌安全，可在草地贪夜蛾发生区域推广使用。

### 4.3.2.4　对草地贪夜蛾的防治效果

9月20日玉米开始移栽，移栽后进行苗期虫害第一次调查，害虫以甜菜夜蛾居多，草地贪夜蛾幼虫数量平均9头/30株，随着秋玉米的大量种植，结合田间草地贪夜蛾性诱监测数据调查（成虫高峰期发生时间为10月中旬），草地贪夜蛾发生数量逐步增加。从表4-5可以看出，苗期、喇叭口期和灌浆期3个不同生育期，化学农药防治区、化学农药＋生物农药防治区对草地贪夜蛾的防效均在80%以上，生物农药防治区的防效在苗期、喇叭口期以及灌浆期分别在54.52%、69.46%以及41.54%。

表4-5　玉米不同生育期药剂防治效果比较

| 处理区域 | 苗期 | | 喇叭口期 | | 灌浆期 | |
|---|---|---|---|---|---|---|
| | 虫口减退率（%） | 药后（5d）防效 | 虫口减退率（%） | 药后（5d）防效 | 虫口减退率（%） | 药后（5d）防效 |
| 化学农药防治区 | 85.46 | 87.30±4.18a | 85.05 | 90.67±2.72a | 79.44 | 81.34±3.81a |
| 化学农药＋生物农药防治区 | 83.73 | 85.90±5.30a | 81.30 | 88.32±4.40a | 82.22 | 83.86±1.74a |
| 生物农药防治区 | 47.96 | 54.52±5.87b | 51.11 | 69.46±1.20b | 35.59 | 41.54±8.11b |
| 空白对照区 | -16.39 | — | -60.10 | — | -10.18 | |

注：同列数据后不同小写字母表示差异显著（$P < 0.05$）。

### 4.3.2.5　对玉米产量的影响

从表4-6中可以看出，化学农药防治区和化学＋生物农药防治区玉米的成品率分别为 99% 和 98%，生物农药防治区的成品率为 21%，空白对照区基本没有成品。化学农药＋生物农药防治区亩产量最高，为 1 680kg/亩，其次是化学农药防治区，生物农药防治区的亩产量为 800kg/亩。

表 4-6　不同处理区对玉米产量的影响

| 处理区域 | 调查玉米穗数（个） | 被害玉米穗数（个） | 成品率（%） | 亩产量（kg） |
| --- | --- | --- | --- | --- |
| 化学农药防治区 | 100 | 1 | 99 | 1 600 |
| 化学农药＋生物农药防治区 | 100 | 2 | 98 | 1 680 |
| 生物农药防治区 | 100 | 79 | 21 | 800 |
| 空白对照区 | 100 | 100 | 0 | 500 |

根据草地贪夜蛾成虫种群周年动态监测结果可知，草地贪夜蛾成虫 2021 年在福建龙海地区周年均见，监测期内共出现 2 个明显高峰，峰值明显，全年最高诱蛾量在 10 月上旬。2021 年的监测结果可知，草地贪夜蛾成虫在 9 月下旬和 11 月上旬出现高峰，这个与吴若蕾（2021）的研究结果一致，秋种玉米虫量明显大于春种玉米，应重点做好秋种玉米生长季内草地贪夜蛾的防治。

通过苗期、喇叭口期和灌浆期 3 个不同生育期药剂试验效果比较，化学农药防治区与化学农药＋生物农药防治区对草地贪夜蛾的防效均在 80% 以上。本次玉米草地贪夜蛾全程药剂防控试验，几种不同药剂处理结果发现生物农药防治区的药剂防治没有达到理想效果，可能存在以下几个原因：一是草地贪夜蛾发生繁殖速度快，世代发育历期短，暴食性强，玉米小喇叭口期刚好赶上草地贪夜蛾发生高峰，而生物农药速杀性弱，造成生物农药区玉米草地贪夜蛾大面积暴发，玉米植株危害率达到 100%，部分玉米心叶遭受重创，直接影响生长发育，甚至死苗，生物农药区死苗率 10%～15%，空白对照区死苗率 30%～40%，严重影响后期产量。二是玉米灌浆期，生物农药速效性不强，且不具有内吸性，而草地贪夜蛾钻蛀性强，造成的蛀穗率大大提高，导致后期成品率偏低。从玉米最终采收情况来看，空白对照区成品率为 0，生物农药防治区成品率为 21%，非成品主要表现为扬花授粉期因玉米须受害虫危害影响受精产生脱粒、秃尖、空瘪玉米，虽然最终产量有达到 800kg/亩，但由于成品率低、加上农户挑选采收成本过高，影响最终玉米商品价值。最终测产，化学农药＋生物农药防治区比化学农药防治区的产量提高 5%，本次化学农药＋生物农药的草地贪夜蛾全程防治方案是可行的，值得进一步推广与应用。

在持续做好草地贪夜蛾监测的基础上，为了减少化学农药使用量，推行绿色防控，可以采取化学农药和生物农药组合或者交替使用的技术方案，不要连续施用相同杀虫机制的化学农药，害虫发生高峰期，推荐使用速效性好的化学农药，害虫低密度期，推荐使用生物农药，施药过程中要求做到科学精准用药和科学合理用药，采用新型施药器械，提高雾化效果，使用完后做好农药包装废弃物回收，减少农药用量，提高玉米种植效益。

### 4.3.3　甲氨基阿维菌素苯甲酸盐与四氯虫酰胺复配对草地贪夜蛾的防效

甲氨基阿维菌素苯甲酸盐（以下简称甲维盐）为大环内酯类抗生素杀虫剂，通过增强谷氨酸和 γ–氨基丁酸（GABA）的作用，从而使大量氯离子进入神经细胞，使细胞功能丧失，扰乱神经传导，对鳞翅目害虫具有较好的胃毒、触杀作用。四氯虫酰胺是沈阳化工研究院研发的我国首个具有自主知识产权的双酰胺类杀虫剂，属鱼尼丁受体激活剂，通过与鱼尼丁受体结合，打开钙离子通道，使细胞内的钙离子持续释放到肌浆中。钙离子与肌浆中的基质蛋白相结合，引起肌肉持续收缩，靶标害虫因此表现出抽搐、麻痹和拒食等症状，对多种害虫具有触杀和胃毒作用。草地贪夜蛾在入侵我国之前，在国外已经有几十年的化学农药用药史，据报道，草地贪夜蛾对有机磷类、氨基甲酸酯类、拟除虫菊酯类农药产生了不同程度的抗药性。杀虫剂的合理复配不仅能提高对害虫的防治效果，而且对害虫抗药性的延缓具有一定的作用。甲维盐和四氯虫酰胺是农业农村部印发的《2020 年全国草地贪夜蛾防控预案》中推荐的单剂，目前关于草地贪夜蛾对甲维盐和四氯虫酰胺抗药性及二者复配防治草地贪夜蛾还未见报道，为评价二者复配对草地贪夜蛾的增效作用，试验采用浸叶法测定了甲维盐、四氯虫酰胺单剂及复配剂对草地贪夜蛾的室内生物活性，筛选对草地贪夜蛾增效的复配配比并进行田间药效试验，以期为草地贪夜蛾的防治提供数据支撑。

供试药剂为95%甲氨基阿维菌素苯甲酸盐原药（先正达南通作物保护有限公司）；5%甲氨基阿维菌素苯甲酸盐微乳剂（广西田园生化股份有限公司）；95%四氯虫酰胺原药（沈阳科创化学品有限公司）；10%四氯虫酰胺悬浮剂（沈阳科创化学品有限公司）。供试昆虫为草地贪夜蛾，在实验室进行人工饲养，试验时挑选个体大小一致、健康活泼的2龄幼虫进行室内生物测定。

### 4.3.3.1 室内生物活性测定

采用浸叶法进行测定。用丙酮将95%甲维盐原药、95%四氯虫酰胺原药配成母液，在预试验的基础上，用含0.1%吐温80的水溶液将母液稀释为不同浓度，其中甲维盐质量浓度为1mg/L、0.5mg/L、0.25mg/L、0.125mg/L、0.062 5mg/L，四氯虫酰胺质量浓度为2mg/L、1mg/L、0.5mg/L、0.25mg/L、0.125mg/L，将玉米小喇叭口期叶片用剪刀剪至长、宽均5cm大小，将其置于不同药剂浓度中浸10s后取出晾干，放入9cm培养皿中，每处理重复3次，每重复接入20头大小一致的事先饥饿2h的草地贪夜蛾2龄幼虫。所有处理置于28℃，光周期L/D=14/10，相对湿度65%～85%的人工气候箱中，72h后检查不同药剂浓度下的死虫数，计算死亡率，并用SPSS软件计算$LC_{50}$值。

### 4.3.3.2 甲维盐和四氯虫酰胺对草地贪夜蛾的室内生物活性

室内测定了甲维盐和四氯虫酰胺对草地贪夜蛾2龄幼虫的生物活性，结果表明（表4-7），甲维盐和四氯虫酰胺对草地贪夜蛾2龄幼虫具有较好的毒杀作用，当甲维盐质量浓度为1mg/L、0.5mg/L、0.25mg/L、0.125mg/L、0.062 5mg/L时，草地贪夜蛾72h的校正死亡率为88.33%、75.00%、56.67%、43.33%、

28.33%，$LC_{50}$ 值为 0.017mg/L。当四氯虫酰胺质量浓度为 2mg/L、1mg/L、0.5mg/L、0.25mg/L、0.125mg/L 时，草地贪夜蛾 72h 的校正死亡率为 81.67%、65.00%、53.33%、41.67%、26.67%，$LC_{50}$ 值为 0.409mg/L。

表 4-7　甲维盐和四氯虫酰胺对草地贪夜蛾的室内生物活性

| 供试药剂 | 生物活性回归方程 | $LC_{50}$ 值（mg/L） | 95% 置信区间 | 斜率 ± 标准误 | $P$ 值 | 卡方检验（$\chi^2$） |
|---|---|---|---|---|---|---|
| 甲维盐 | $y=1.436x+2.553$ | 0.017 | 0.012 ~ 0.021 | 1.436 ± 0.194 | 0.928 | 0.456 |
| 四氯虫酰胺 | $y=1.201x+0.466$ | 0.409 | 0.297 ~ 0.545 | 1.201 ± 0.185 | 0.920 | 0.494 |

### 4.3.3.3　甲维盐和四氯虫酰胺复配对草地贪夜蛾的室内生物活性

分别测定了甲维盐与四氯虫酰胺不同复配比例对草地贪夜蛾 2 龄幼虫的室内生物活性，结果表明（表 4-8），不同比例甲维盐与四氯虫酰胺复配对草地贪夜蛾均表现出相加及增效作用，当二者比例为（4∶6）~（8∶2）时表现出较好的增效作用，其中甲维盐与四氯虫酰胺（7∶3）复配时增效最明显，共毒系数（CTC）为 162。

表 4-8　甲维盐和四氯虫酰胺复配对草地贪夜蛾的室内生物活性

| 甲维盐与四氯虫酰胺质量比 | 生物活性回归方程 | $LC_{50}$ 值（mg/L） | 95% 置信区间 | 斜率 ± 标准误 | $P$ 值 | 卡方检验（$\chi^2$） | CTC 值 |
|---|---|---|---|---|---|---|---|
| 1∶9 | $y=1.032x+0.952$ | 0.120 | 0.064 ~ 0.474 | 1.032±0.216 | 0.952 | 0.342 | 103 |
| 2∶8 | $y=1.216x+1.150$ | 0.113 | 0.074 ~ 0.243 | 1.216±0.212 | 0.960 | 0.298 | 109 |
| 3∶7 | $y=1.287x+1.226$ | 0.112 | 0.012 ~ 0.021 | 1.287±0.187 | 0.995 | 0.075 | 110 |
| 4∶6 | $y=1.369x+1.398$ | 0.095 | 0.073 ~ 0.133 | 1.339±0.193 | 0.765 | 1.150 | 130 |
| 5∶5 | $y=1.408x+1.487$ | 0.088 | 0.067 ~ 0.125 | 1.408±0.196 | 0.622 | 1.768 | 140 |
| 6∶4 | $y=1.440x+1.561$ | 0.082 | 0.065 ~ 0.108 | 1.440±0.191 | 0.897 | 0.597 | 150 |
| 7∶3 | $y=1.272x+1.423$ | 0.076 | 0.056 ~ 0.117 | 1.272±0.193 | 0.863 | 0.742 | 162 |
| 8∶2 | $y=1.354x+1.364$ | 0.098 | 0.076 ~ 0.132 | 1.354±0.190 | 0.947 | 0.366 | 126 |
| 9∶1 | $y=1.307x+1.273$ | 0.106 | 0.081 ~ 0.143 | 1.307±0.188 | 0.866 | 0.731 | 116 |

### 4.3.4 复配增效配比田间药效试验

于玉米小喇叭口期进行施药，草地贪夜蛾为中度危害，虫口密度适中，虫龄大多为 2 龄，可以满足田间药效试验要求。试验共计 4 个处理，分别为 5% 甲维盐微乳剂、10% 四氯虫酰胺悬浮剂、5% 甲维盐微乳剂与 10% 四氯虫酰胺悬浮剂质量比（7∶3）及清水对照，药剂施药量均为 30g/hm²，试验采用随机区组排列，每小区 60m²，小区设 1m 保护行，每个处理重复 3 次，施药前按照"Z"形进行虫口密度调查，每点调查 10 株玉米，每小区共计 6 点 60 株玉米，每个处理共计调查 180 株玉米，并用红色插排做好标记，分别于施药后 1d、3d、7d 调查虫口数，计算虫口减退率及防效。

$$虫口减退率 = \frac{药前活口数 - 药后活虫数}{药前活口数} \times 100\%$$

$$防治效果 = \frac{处理区虫口减退率 - 对照区虫口减退率}{1 - 对照区虫口减退率} \times 100\%$$

#### 4.3.4.1 药剂复配增效配比筛选

采用交互测定法。将甲维盐、四氯虫酰胺按照不同的比例进行混合并稀释至 5 个药剂质量浓度，按照生物活性测定方法测定不同药剂比例下的生物活性大小，计算 $LC_{50}$ 值及共毒系数（CTC）。根据《农药室内生物测定试验准则 杀虫剂 第 7 部分：混配的联合作用测定》（NY/T 1154.7—2006），如果复配剂的 CTC 值为 80～120，则表现为相加作用；CTC 值＞120，则表现为增效作用；CTC 值＜80，则表现为拮抗作用。共毒系数（CTC）计算公式如下：

$$共毒系数（CTC） = \frac{A 药剂的 LC_{50} 值 \times B 药剂的 LC_{50} 值}{混合药剂的 LC_{50} 值 \times (P_A \times B 的 LC_{50} 值 + P_B \times A 的 LC_{50} 值)} \times 100$$

式中，$P_A$ 为单剂 A 在复配剂中的百分比；$P_B$ 为单剂 B 在复配剂中的百分比。

### 4.3.4.2　甲维盐和四氯虫酰胺复配增效配比对草地贪夜蛾的田间防效

田间评价了 5% 甲维盐悬浮剂、10% 四氯虫酰胺悬浮剂及 5% 甲维盐悬浮剂与 10% 四氯虫酰胺悬浮剂质量比（7∶3）混合物对草地贪夜蛾的田间防效，结果表明（表 4-9），5% 甲维盐悬浮剂与 10% 四氯虫酰胺悬浮剂质量比（7∶3）复配对草地贪夜蛾田间防效具有明显的增效作用，药后 1d、3d、7d 的防效分别为 86.24%、90.13%、92.96%，显著高于 5% 甲维盐悬浮剂、10% 四氯虫酰胺悬浮剂单剂的防效。

表 4-9　甲维盐和四氯虫酰胺复配增效配比对草地贪夜蛾的田间防效

| 处理 | 施药量（g/hm²） | 虫口基数（头） | 防治效果（%） | | |
|---|---|---|---|---|---|
| | | | 药后 1d | 药后 3d | 药后 7d |
| 甲维盐 – 四氯虫酰胺（7∶3） | 30 | 142 | 86.24±1.43a | 90.13±0.76a | 92.96±0.85a |
| 5% 甲维盐悬浮剂 | 30 | 143 | 78.91±1.09b | 81.90±1.25b | 85.82±1.78b |
| 10% 四氯虫酰胺悬浮剂 | 30 | 135 | 59.70±2.45c | 68.63±2.68c | 76.13±2.51c |

注：同列数据后不同字母表示经 Duncan 氏新复极差法检验在 $P$=0.05 水平差异显著。

喷施化学农药是控制突发性、暴发性害虫强有力的手段，草地贪夜蛾自入侵我国以来，短短一年半的时间，国内学者开展了大量的研究工作，取得了不错的成绩，但从目前情况来看，化学农药防治草地贪夜蛾将是未来一段时间主要的防治措施。试验选用农业农村部《2020 年全国草地贪夜蛾防控预案》中推荐的甲维盐和四氯虫酰胺开展室内生物活性、复配增效配比筛选及田间防效试验，发现甲维盐和四氯虫酰胺无论是室内还是田间对草地贪夜蛾均具有较好的作用。

试验中甲维盐对草地贪夜蛾的 LC$_{50}$ 值为 0.017mg/L，田间防效均在 80% 左右，这与胡飞等（2020）研究结果一致，LC$_{50}$ 值略低于吴正伟等（2019）结果，这可能是不同地区生态环境差异造成药剂敏感性不一样。蒋兴川等发现甲维盐除对草地贪夜蛾具有较好的室内生物活性外，还对幼虫羧酸酯酶（CarE）、谷胱甘肽 –S– 转移酶（GST）、细胞色素 P450（CYP450）具有一定的影响，对羧酸酯酶（CarE）表现出先抑制后诱导的作用，对谷胱甘肽 –*S*– 转移酶（GST）表现出"诱导—抑制—诱导"的规律，对细胞色素 P450（CYP450）具有一定的抑制作用。四氯虫酰胺为双酰胺类杀虫剂，是近些年杀虫剂市场上比较火的一类药剂，同类产品如氯虫苯甲酰胺、氯氟氰虫酰胺对草地贪夜蛾均表现出较好的室内生物活性和田间防效。甲维盐和四氯虫酰胺属于两种不同作用机理的杀虫剂，二者复配可以达到优势互补的作用，试验发现二者复配可明显提高药剂生物活性和田间防治效果，生产上可将甲维盐和四氯虫酰胺按照质量比 7 : 3 进行复配防治草地贪夜蛾。甲维盐和四氯虫酰胺除对草地贪夜蛾具有防治效果外，还对蔬菜、果树、棉花等农作物上的多种害虫具有防治作用，本研究得到的增效配比也可以用于其他作物害虫的防治。

草地贪夜蛾在玉米苗期就可造成危害，主要以低龄幼虫为主，等到大喇叭口期时，大多为高龄幼虫，钻蛀在玉米新叶中，隐蔽性较好，造成防治效果不佳，因此在进行田间施药时一定要"打早打小"，重点在玉米的苗期或对准喇叭口点施，以达到有效防治的作用。在进行草地贪夜蛾药剂防治时，草地贪夜蛾在高强度的药剂选择下可能会诱发抗药性的产生，故在进行药剂防治时，应当选择不同作用机理的药剂轮换交替使用或复配使用。草地贪夜蛾防治是一项长期工作，防治时应当遵从"预防为主，综合防治"的植保方针和树立"公共植保、绿色植保"的理念，合理搭配各项防治措施，以达到有效控制草地贪夜蛾的目的。

### 4.3.5　4 种药剂对海南草地贪夜蛾防效

室内毒力试验所用草地贪夜蛾幼虫均由热带农业科学院环境与植物保护研究所提供。2019 年 5 月将采自儋州那大镇玉米田间的草地贪夜蛾幼虫于养虫室内温度（26±1）℃、湿度（70±5）%、光周期 L/D=14/10 条件下用玉米叶连续饲养 4 代以上达到稳定，选取大小、活跃程度相当的 3 龄幼虫作为室内毒力试验的供试虫源。供试寄主植物为田间种植的玉米，品种为粤甜 9 号，试验期内处于 7～11 叶期，整个生长期正常管理，不施用任何农药，长势均匀。

供试药剂：甲氨基阿维菌素苯甲酸盐（甲维盐）原药（青岛青尔源药业有限公司，有效含量 99%）、氯虫苯甲酰胺原药（上海杜邦农化有限公司，有效含量 95.3%）、溴氰虫酰胺原药（苏州市泰越生物科技有限公司，有效含量 98%）、茚虫威原药（以色列马克西姆化学公司，有效含量 95%）。

根据《化学农药环境安全评价试验准则》，采用浸叶法进行试验。根据预试验确定的毒力测定质量浓度范围，将供试农药用含有丙酮的蒸馏水稀释成 6 个系列质量浓度梯度（甲维盐：0.05mg/L、0.025mg/L、0.012 5mg/L、0.006 25mg/L、0.003 125mg/L；氯虫苯甲酰胺：2mg/L、1mg/L、0.5mg/L、0.25mg/L、0.125mg/L、0.062 5mg/L；溴氰虫酰胺：4mg/L、2mg/L、1mg/L、0.5mg/L、0.25mg/L、0.125mg/L；茚虫威：10mg/L、5mg/L、2.5mg/L、1.25mg/L、0.625mg/L、0.312 5mg/L）。将玉米叶片（选取大小相当的叶片，剪成 10cm 长的片段）浸入供试农药中，10s 后取出并晾干，放入试管（直径 2cm，长度 20cm）中，每管接入草地贪夜蛾 3 龄幼虫一头，每个处理 30 头，重复 3 次。以用含有丙酮的蒸馏水浸渍玉米叶作为对照，后用棉塞将管口封住，将试虫置于温度（26±1）℃、湿度（70±5）% 的人工气候箱中饲养，分别在 24h 及 48h 后检查记录死亡的虫数，以毛笔触动虫体不动为死亡标准。用 SAS 9.4 统计软件进行毒力回归计算，得到毒力回归方程，$LC_{50}$、$LC_{95}$ 值及 95% 置信区间。

试验在儋州那大镇宝岛新村玉米田中进行，试验地块面积 10 亩，试验前已暴发草地贪夜蛾疫情，平均虫口密度 20 头 / 百株以上，玉米品种为粤甜 9 号，处于喇叭口期。试验选用了甲维盐、氯虫苯甲酰胺、溴氰虫酰胺、茚虫威 4 种药剂的相关市售产品进行田间药效试验，相关参数见表 4-10，按表 4-10 中小区用量量取对应药剂，加入背负式电动喷雾器（3WBD-18 型，台州市多米乐农业机械有限公司）后用 2.70L 清水充分混匀后，均匀喷施到对应小区，以清水为对照，共计 5 个处理，每个处理设置 3 个重复小区，每个小区 $36m^2$，各小区之间设置 1m 宽的隔离带。分别于施药后 1d、3d、7d、11d 和 14d 调查记录每个小区的存活幼虫数量。计算虫口减退率、防效等参数，并用 SAS 9.4 统计软件比较不同药剂对草地贪夜蛾的防控效果，对于防效有显著差异的利用 Tukey's HSD 方法进行多重比较。

虫口减退率 =（药前虫口数 – 药后活虫数）/ 药前虫口数 × 100%

防效 =（处理区虫口减退率 – 对照区虫口减退率）/（1– 对照区虫口减退率）× 100%

表 4–10　不同药剂对草地贪夜蛾的田间防效试验所用药剂参数

| 药剂名称 | 剂型 | 生产厂家 | 规格（mL） | 推荐用量（mL/hm²） | 小区（36m²）用量（mL） |
|---|---|---|---|---|---|
| 5% 甲氨基阿维菌素苯甲酸盐 | 微乳剂 | 青岛润生农化有限公司 | 100 | 300 | 1.08 |
| 20% 氯虫苯甲酰胺 | 悬浮剂 | 美国富美实公司 | 100 | 150 | 0.54 |
| 10% 溴氰虫酰胺 | 悬浮剂 | 美国杜邦公司 | 20 | 150 | 0.54 |
| 15% 茚虫威 | 乳油 | 美国富美实公司 | 50 | 450 | 1.62 |

## 4.3.5.1　室内毒力测定结果

甲维盐等 4 种农药对草地贪夜蛾 3 龄幼虫的毒力情况如表 4–11 所示，甲维盐相对于其他 3 种药剂 $LC_{50}$ 及 $LC_{95}$ 要小，茚虫威的 $LC_{50}$ 及 $LC_{95}$ 最大；处理 48h 相对于处理 24h，4 种药剂的 $LC_{50}$ 和 $LC_{95}$ 均不同程度减小。

表 4–11　杀虫剂对草地贪夜蛾室内毒力测定

| 药剂名称 | 处理时间（h） | 毒力回归方程 | $LC_{50}$（95% 置信区间）（mg/L） | $LC_{50}$（95% 置信区间）（mg/L） | 卡方值 |
|---|---|---|---|---|---|
| 甲维盐 | 24 | $y=2.712\,6x+1.880\,5$ | 0.036 1（0.027 43 ～ 0.047 20） | 0.270 5（0.169 65 ～ 0.570 10） | 58.08 |
| | 48 | $y=4.916\,9x+2.553\,6$ | 0.011 9（0.008 49 ～ 0.015 15） | 0.052 3（0.037 26 ～ 0.094 5 6） | 36.91 |
| 氯虫苯甲酰胺 | 24 | $y=1.000\,6x+2.079\,2$ | 0.330 2（0.257 02 ～ 0.424 71） | 2.041 1（1.333 23 ～ 3.978 83） | 62.05 |
| | 48 | $y=1.824\,1x+2.228\,4$ | 0.151 9（0.113 98 ～ 0.193 68） | 0.830 9（0.571 19 ～ 1.516 43） | 52.14 |
| 溴氰虫酰胺 | 24 | $y=0.617\,3x+2.099\,6$ | 0.508 1（0.392 09 ～ 0.649 88） | 3.086 1（2.053 89 ～ 5.837 48） | 60.76 |
| | 48 | $y=1.097\,8x+1.864\,6$ | 0.257 8（0.177 61 ～ 0.342 78） | 1.965 1（1.274 16 ～ 4.060 64） | 44.92 |
| 茚虫威 | 24 | $y=-0.647\,3x+2.133\,2$ | 2.011 1（1.577 46 ～ 2.588 93） | 11.872（7.754 48 ～ 23.137 66） | 62.71 |
| | 48 | $y=-0.038\,9x+1.910\,8$ | 1.047 9（0.781 41 ～ 1.363 13） | 7.605 8（4.896 80 ～ 15.426 16） | 55.05 |

### 4.3.5.2 田间防控结果

甲维盐等4种药剂对草地贪夜蛾的田间防控效果，如表4-12所示，4种药剂对草地贪夜蛾均有较好防效，3～7d防治效果达到最佳，11d后防效有所下降，到14d防效大幅下降。20%氯虫苯甲酰胺悬浮剂对草地贪夜蛾幼虫的最佳防效时间为3～11d，且1～14d防治效果都在80%以上，持效期较长。通过观察发现，在防治过的玉米田块，后期陆续有新的草地贪夜蛾虫源迁入，在试验田块里产卵，孵化的幼虫继续危害玉米，影响了防治效果。

表4-12 不同药剂对草地贪夜蛾的田间防控效果

| 药剂 | 施药后 1d | | 施药后 3d | |
|---|---|---|---|---|
| | 虫口减退率（%） | 防效（%） | 虫口减退率（%） | 防效（%） |
| 5% 甲氨基阿维菌素苯甲酸盐 | 85.24±0.50aB | 85.46±0.49aB | 92.00±1.04aA | 92.83±0.93aA |
| 20% 氯虫苯甲酰胺 | 82.69±1.66aC | 82.43±1.68aB | 90.54±0.45aAB | 89.44±0.50aA |
| 10% 溴氰虫酰胺悬浮剂 | 49.97±3.47cCD | 49.21±3.52cB | 82.82±0.41bB | 80.82±0.46bA |
| 15% 茚虫威乳油 | 67.56±2.12bC | 67.06±2.15bD | 90.64±0.36aAB | 89.55±0.40aA |

| 药剂 | 施药后 7d | | 施药后 11d | |
|---|---|---|---|---|
| | 虫口减退率（%） | 防效（%） | 虫口减退率（%） | 防效（%） |
| 5% 甲氨基阿维菌素苯甲酸盐 | 81.48±1.07bB | 79.83±1.16bC | 81.48±1.07bB | 79.83±1.16bC |
| 20% 氯虫苯甲酰胺 | 92.23±0.35aA | 92.87±0.32aA | 92.23±0.35aA | 92.87±0.32aA |
| 10% 溴氰虫酰胺悬浮剂 | 41.36±2.59cD | 46.18±2.37cB | 41.36±2.59cD | 46.18±2.37cB |
| 15% 茚虫威乳油 | 80.56±2.42bB | 82.15±2.22bB | 80.56±2.42bB | 82.15±2.22bB |

| 药剂 | 施药后 14d | |
|---|---|---|
| | 虫口减退率（%） | 防效（%） |
| 5% 甲氨基阿维菌素苯甲酸盐 | 67.53±1.08bC | 58.81±1.38bD |
| 20% 氯虫苯甲酰胺 | 80.45±2.20aBC | 84.59±1.73aB |
| 10% 溴氰虫酰胺悬浮剂 | 48.64±3.24bcC | 59.52±2.56bcB |
| 15% 茚虫威乳油 | 43.56±3.86cD | 55.51±3.04cC |

注：表中同一列中有相同小写字母代表 0.05 水平下差异不显著。同一行中同一指标后面相同大写字母代表施药后不同时间该指标 0.05 水平下无显著差异。

海南属于我国草地贪夜蛾周年发生危害区，按照农业农村部印发的《2020

年全国草地贪夜蛾防控预案》的相关要求，应重点扑杀草地贪夜蛾境外迁入虫源，遏制本地孳生繁殖，控制本地危害损失，减少迁出虫源数量；采用生物防治如采用白僵菌、绿僵菌、核型多角体病毒等生物制剂早期预防幼虫，充分保护利用夜蛾黑卵蜂、螟黄赤眼蜂等寄生性天敌及蠋蝽等捕食性天敌，因地制宜采取结构调整等生态调控措施，减轻发生程度，减少化学农药使用，促进可持续治理；同时海南草地贪夜蛾的防控还关系到全国草地贪夜蛾的防控，在海南做好防控，减少虫源基数，将减少内地草地贪夜蛾的虫源基数，减轻其对玉米等作物的危害，实现源头治理，事半功倍。海南草地贪夜蛾也存在小范围或区域性暴发的可能性，筛选优化适合海南这个特殊的地理和气候条件的，用于草地贪夜蛾应急防控的药剂具有十分重要的意义。本研究测试了甲维盐等4种药剂对草地贪夜蛾的室内毒力及田间药效情况，结果显示所试4种药剂均有较好的室内毒杀效果及田间防治效果，均可用于草地贪夜蛾的防控。

甲维盐是一种由阿维菌素B1合成的大环内酯双糖类化合物，为新型高效半合成抗生素杀虫剂。其作用机制是通过扰乱昆虫体内的神经传导过程，促进氯离子进入神经细胞导致细胞功能丧失，使昆虫停止进食麻痹死亡。国内外研究表明，甲维盐对黏虫、斜纹夜蛾和甜菜夜蛾等害虫具有较好的毒杀效果或田间防效。草地贪夜蛾是一种夜蛾科害虫，与斜纹夜蛾的亲缘关系较近，本研究表明甲维盐对斜纹夜蛾同样具有较好的毒杀效果和田间防效。

氯虫苯甲酰胺是新型邻酰胺基苯甲酰胺类杀虫剂，其作用于鱼尼丁受体，具有杀虫谱广、选择性强、作用机制独特而与常规杀虫剂无交互抗性。很多专家学者测试了该药对草地贪夜蛾室内毒力和田间防效，结果表明该药对草地贪夜蛾具有较好的室内毒杀效果及田间防效，用药5～7d田间药效能达到85%以上，在7d左右达到最佳防治效果，与本研究的试验结果相似。本研究中氯虫苯甲酰胺的持效性最好，药后3～11d防效均能达到85%以上。海南是草地贪夜蛾的周年繁殖区，存在草地贪夜蛾的迁入和迁出，以及本地虫源在不同玉米田块的扩散，田间草地贪夜蛾虫龄、虫态重叠较为普遍。药剂对草地贪夜蛾的防效往往会因为新虫源的不断迁入繁殖而降低，因此持效期相对长一点的药剂可能对用药后新迁入的虫源繁殖的幼虫有一定的防治效果。

在本研究中溴氰虫酰胺、茚虫威药后 3 ~ 7d 对草地贪夜蛾的田间防效也能分别达到 80% 和 85% 以上。溴氰虫酰胺也是作用于鱼尼丁受体的一类新型杀虫剂，相比于氯虫苯甲酰胺具有更广谱的杀虫范围。但在本研究中其对草地贪夜蛾的田间防效相对差一些，持效期更短，在海南玉米的生产实践中可优先选择氯虫苯甲酰胺或甲维盐来防治草地贪夜蛾。茚虫威是一种新型钠通道抑制剂，进入昆虫体后，在脂肪体特别是中肠中代谢为杀虫活性更强的 N- 去甲氧羰基代谢物，不可逆阻断钠离子通道，导致昆虫运动失调、停止取食、麻痹并死亡。室内毒力试验表明，茚虫威对草地贪夜蛾具有较好的毒杀效果，同时其与甲维盐的复配剂也显示了较好的田间防治效果。

# 4.4 应急化学防治风险评估

## 4.4.1 环境风险评估

目前在草地贪夜蛾的应急防控中化学防治仍然占很大比例，但农药在施用后可能对鸟类、蜜蜂、蚯蚓、鱼类等生物以及地下水造成不同程度的危害。2016 年我国针对鸟类、蜜蜂、家蚕、水生生态系统、地下水、非靶标节肢动物、土壤生物等环境生物和介质制定了农药应用环境风险评估程序，颁布了《农药登记环境风险评估指南》系列行业标准，为科学评估农药使用对生态环境产生的潜在风险提供依据。可根据《农药登记环境风险评估指南》对鸟类、蜜蜂、蚯蚓、地下水等进行风险评估。如果所选评估药剂涉及多个使用剂量，则分别评估农药的最高剂量和最低剂量。

### 4.4.1.1 暴露分析

根据《农药登记 环境风险评估指南》系列标准，分别计算鸟类急性、短期和长期预测暴露剂量以及蜜蜂的预测暴露剂量；通过 China Pearl 模型和 PECsoil_SFO_China 模型预测地下水和土壤中农药暴露浓度。

### 4.4.1.2 效应分析

根据《农药登记 环境风险评估指南》系列标准，采用生态毒理学研究得出的环境生物的毒性终点以及相应的不确定因子计算预测无效应浓度。

### 4.4.1.3 风险表征

农药应用环境风险系数（RQ）用预测暴露剂量与预测无效应浓度的商值表示，若 RQ ≤ 1，则风险可接受；若 RQ > 1，则风险不可接受。

## 4.4.2 健康风险评估

施药人员在施药过程中不可避免地会暴露在农药环境中，农药可能通过皮肤暴露和吸入暴露进入施药人员体内，对施药人员的健康产生负面影响。研究已经证明施用农药可能引起施药人员的急性、慢性神经系统中毒，以及脂质、蛋白质和糖代谢作用的功能性失调；施药次数频繁、施用农药量大的农民更易患头痛、恶心以及皮肤疾病。

同样，根据我国颁布的《农药施用人员健康风险评估指南》（NY/T 3153—2017），针对我国主流的施药方式———背负式喷雾施药设计了背负式喷雾施药健康风险评估模型（COPrisk 模型），用于指导我国农药登记和实际安全施药。但由于防治草地贪夜蛾没有专用登记药剂，目前田间应用的药剂都属于应急防控药剂，尚未开展施药健康风险评估。结合我国生产实际，背负式喷雾器承担的田间病虫害防治面积超过80%，可以选择经过田间筛选的高效药剂进行背负式喷雾施药方式下施药人员健康风险评估（涉及多个剂量的农药分别评估最高剂量和最低剂量）。

施药人员的农药暴露量主要受剂型、施用方法和器械、作物特征、环境条件、个人防护等因素影响。农业农村部颁布的《背负式喷雾施药人员单位暴露量（第1版）》中根据施药期作物高度将喷雾分为低（<80cm）、中（80~130cm）、高（>130cm）3个方向；根据施药人员的穿戴将防护分为较差防护（短衣、短裤、鞋）、中等防护（长衣、长裤、鞋）、较好防护（帽子、口罩、长衣、长裤、手套、鞋）3个等级。

根据我国草地贪夜蛾防治主要时期，同时体现评估的保护性，评估中选择低方向喷雾（<80cm）和最保守的防护措施（较差防护）。对于危害评估中缺乏相关经皮和吸入毒理试验数据的部分农药，施药人员经皮和吸入允许暴露量由经口试验的允许暴露量代替，吸入吸收率和透皮吸收率均采用默认值100%，即从试验动物数据外推到一般人群（种间差异）以及从一般人群推导到敏感人群（种内差异），对于由亚急性数据推到亚慢性数据的农药，评估方法如下。

### 4.4.2.1 危害评估

根据农药施药人员健康风险评估指南数据筛选要求，主要选择亚急性或亚慢性经皮和吸入毒性试验数据，确定与制定施药人员的允许暴露量（AOEL）和相关的最大无作用剂量（NOAEL）。农药毒理学数据源于欧盟委员会（European Commission）和欧洲食品安全局（European Food Safety Authority）的评估报告，数据的质量和可靠性符合评估要求。在推导AOEL时，可以采用不确定系数来减少试验动物外推和数据质量等因素引起的不确定性。

### 4.4.2.2 暴露评估

根据《农药施用人员健康风险评估指南》，分别计算配药过程和施药过程中施药人员的经皮暴露量和吸入暴露量。

### 4.4.2.3 风险表征

施药人员健康风险系数（RQ）主要由配药、施药过程中农药经皮暴露量和吸入暴露量与相对应的允许暴露量的商值表示。一般情况下应将经皮暴露和吸入暴露两种暴露途径的风险系数加和得到综合风险系数，若综合风险系数 RQ ≤ 1，则健康风险可接受，若 RQ > 1，则健康风险不可接受；若有证据表明两种暴露途径引起的毒性不同，则应单独评价经皮暴露风险和吸入暴露风险，若各风险均 ≤ 1，则健康风险可接受，若任何一个暴露风险系数 >1，则健康风险不可接受。

## 4.4.3 应急化学防治风险评估的意义

在目前面对草地贪夜蛾还是主要依赖化学农药开展应急防治的条件下，可能出现用药过量的情况，进而引发农产品质量安全、环境安全和施药人员职业健康安全等一系列问题。因此，亟须及时开展农药风险评估研究。

农药风险评估是在特定条件下，评价农药对人类健康和环境安全产生不良影响的可能性和程度，是国际农药科学管理的通用做法。我国在 2017 年发布了《农药管理条例》及配套规章，明确提出农药登记需要提供农药风险评估报告，正式确立了风险评估在我国科学用药中的法律地位。因此应急化学防治风险评估是十分重要的。

# 5 草地贪夜蛾的生物防治

## 5.1 天敌防治概述

草地贪夜蛾是一种入侵性的农业害虫，寄主为玉米、水稻、高粱等。草地贪夜蛾隐蔽性强、食量大而且会经常性地迁移，给防治带来了很大的困难。目前最常用的防治方法是化学防治，但是由于长期使用化学药剂，不可避免地会引发"3R"问题。近年来，人们越发认识到生物防治的重要性。其中，天敌防治一度成为研究热点。

天敌昆虫在自然界中大量存在，对害虫的控制及生态平衡都起着十分重要的作用。利用天敌昆虫防治害虫是一种特殊的防治方法，可以减少环境污染、维持生态平衡，我国在天敌昆虫的扩繁与利用方面也取得了显著的成效。常见的天敌昆虫有螳螂、蜻蜓、虎甲、步甲以及瓢虫等。

草地贪夜蛾的天敌报道较多，包括寄生性天敌和捕食性天敌。寄生性天敌主要包括寄生蜂和寄生蝇两类。据不完全统计，全球范围内已鉴定的草地贪夜蛾寄生蜂有 121 种，寄生蝇有 66 种。寄生性天敌有赤眼蜂、夜蛾黑卵蜂、姬蜂、茧蜂和寄生蝇等，其中茧蜂科和姬蜂科的寄生蜂对草地贪夜蛾的防治应用较多，主要有赤眼蜂、甲腹茧蜂、侧沟茧蜂、夜蛾黑卵蜂和齿唇姬蜂等。捕食性天敌有蜘蛛、蚂蚁、步甲、捕食蝽、瓢虫、草蛉、蝼蛄等，其中蝽科、瓢甲科和步甲科对草地贪夜蛾的应用较多。

在草地贪夜蛾上发现的寄生蜂主要有10科，分别为茧蜂科（Braconidae）、姬蜂科（Ichneumonidae）、赤眼蜂科（Trichogrammatidae）、金小蜂科（Pteromalidae）、姬小蜂科（Eulophidae）、小蜂科（Chalcididae）、旋小蜂科（Eupelmidae）、巨胸小蜂科（Perilampidae）、广腹细蜂科（Platygastridae）和肿腿蜂科（Bethylidae）。草地贪夜蛾的寄生蝇种类也十分丰富，据统计全世界共4科，包括蜂虻科（Bombyliidae）、蚤蝇科（Phoridae）、麻蝇科（Sarcophagidae）和寄蝇科（Tachinidae）。

捕食草地贪夜蛾的天敌种类繁多，据目前的研究统计，全世界主要有5目12科58种，主要为半翅目（Hemiptera）猎蝽科（Reduviidae）8种、长蝽科（Lygaeidae）2种、花蝽科（Anthocoridae）3种、姬蝽科（Nabidae）2种、蝽科（Pentatomidae）8种，鞘翅目（Coleoptera）瓢甲科（Coccinellidae）12种、步甲科（Carabidae）6种，革翅目（Dermaptera）肥螋科（Anisolabididae）2种、蠼螋科（Forficulidae）6种，脉翅目（Neuroptera）草蛉科（Chrysopidae）6种，膜翅目（Hymenoptera）胡蜂科（Vespidae）1种、蚁科（Formicidae）2种。主要以半翅目和鞘翅目为主，占比为70.69%。

目前已知的草地贪夜蛾的本地天敌昆虫有夜蛾黑卵蜂、斯氏侧沟茧蜂、缘腹绒茧蜂、螟黄赤眼蜂、岛甲腹茧蜂、益蝽、蠋蝽、蠼螋、猎蝽、花蝽、蜘蛛、蚂蚁、草蛉等20余种，其中在田间防治草地贪夜蛾防治效果最好的是夜蛾黑卵蜂。

草地贪夜蛾虽然于2019年才传入我国，但是其扩散的速度很快，短短几个月就已经扩散到了我国南方所有的省份，造成了严重的经济损失。据美洲各国的研究表明，草地贪夜蛾的天敌资源丰富，并且表现出了良好的防治效果。因此，我国应该借鉴美洲的防治经验，加大对草地贪夜蛾天敌的筛选，挑选出优质的本土天敌用于草地贪夜蛾的防法，以减少草地贪夜蛾造成的危害。

## 5.2  生物农药防治概述

生物农药是指利用生物活体（真菌、细菌、昆虫病毒、转基因生物等）或其代谢产物针对农业有害生物进行杀灭或抑制的制剂。对于草地贪夜蛾，主要包括生防菌、植物源农药等。

### 5.2.1  生防菌

在侵入我国的草地贪夜蛾虫体上发现的病原真菌至少有两种，即绿僵菌和白僵菌。不同的菌株对草地贪夜蛾表现出不同毒力。前人对不同菌株进行毒力测定进而筛选高毒性毒株进行应用。国外在利用绿僵菌防治草地贪夜蛾方面也有较多报道，Akutse（2019）等测定了多种昆虫病原真菌对草地贪夜蛾幼虫的毒力。彭国雄等（2019）的测定发现金龟子绿僵菌CQMa421对草地贪夜蛾低龄幼虫具有杀虫活性并引起蛹的黑化。郑亚强等（2019）于云南调查发现，田间草地贪夜蛾的莱氏绿僵菌感染率在 2.52% ～ 29.83%。雷妍圆等（2020）在广州玉米田染菌草地贪夜蛾幼虫上获得一株莱氏绿僵菌，发现该毒株高浓度孢子悬浮液处理下草地贪夜蛾2龄幼虫的死亡率达100%。赵建伟等（2023）从福建不同地区分离得到8株寄主为鳞翅目和半翅目幼虫僵虫的绿僵菌，浸渍法测定了其对草地贪夜蛾致病力，发现对2龄幼虫和蛹均表现出不同程度的致病力，而菌株FJMR2和FJXY7表现出较强的致病力。莱氏绿僵菌（*Metarhizium rileyi*）对草地贪夜蛾有良好的生防潜力，金龟子绿僵菌CQMa421与球孢白僵菌ZJU435对草地贪夜蛾低龄幼虫、蛹和卵具有杀虫活性，同时降低卵的孵化率、新孵化幼虫存活率和蛹羽化率，对草地贪夜蛾种群控制极具潜力，但随虫龄增大杀虫活性降低，对成虫没有杀虫活性，也不影响成虫的产卵。目前已有170余种杀虫真菌产品被登记，但仅有白僵菌（*Beauveria bassiana* strain R444）这1个产品被登记用于草地贪夜蛾防治。此外，苏云金芽孢杆菌（Bt）及其杀虫毒素蛋白 Cry1Ab、Cry1Ac、Cry1F、Cry2Ab、Cry1Ia12 以及 Vip3A 和核型多角体病毒（NPV）对草地贪夜蛾有较强毒害作用，均展示出良好控制效果。

田间利用不同资源联合防控草地贪夜蛾可达到较好的效果。真菌与化学农药混用可以增加害虫致死率和产孢量，且能降低昆虫对化学农药的抗药性。如 Bt 对草地贪夜蛾具有较好的防控效果，在与其他微生物的联合使用时可提高对草地贪夜蛾幼虫的杀虫活性（彭国雄，2019）。Bt 与金龟子绿僵菌或球孢白僵菌联合处理对草地贪夜蛾幼虫的室内杀虫活性显著高于单剂处理效果，达 80% 以上。金龟子绿僵菌和球孢白僵菌与毒死蜱、乙基多杀菌素结合使用则会而提高对草地贪夜蛾的防治效果。捕食天敌与病原菌结合对草地贪夜蛾的防控具有速效性好、持效期长、成本相对较低等优点，且对田间天敌及玉米安全，可作为玉米田农药减量的防控方案。

## 5.2.2 昆虫病原线虫

昆虫病原线虫主要有斯氏线虫科（Steinernematidae）和异小杆线虫科（Heterorhabditidae）两大类。Andaló 等（2017）在室内和温室条件下测定了 17 个巴西线虫品系对草地贪夜蛾 4 龄或 5 龄幼虫的致病力，发现当 *Steinernema arenarium* 和 *Heterorhabditis* sp. RSC02 品系线虫与草地贪夜蛾幼虫比例为 200：1 时对草地贪夜蛾的致死率分别为 100% 和 97.6%。草地贪夜蛾 6 龄幼虫与线虫 *S. diaprepesi* 分别以 1：50 和 1：100 的比例混合后可分别引起草地贪夜蛾 93% 和 100% 的死亡率。杨淋凯等（2021）通过甘肃 5 种昆虫病原线虫对草地贪夜蛾的致病力测定发现，不同昆虫病原线虫种类对草地贪夜蛾 2 龄幼虫的致死率差异较大，夜蛾斯氏线虫对草地贪夜蛾 2 龄幼虫致病力最强，夜蛾斯氏线虫 0663PG 品系侵染幼虫 24h 后死亡率为 63.90%，显著高于其他昆虫病原线虫种类，表明昆虫病原线虫对草地贪夜蛾有很好的控制潜力。化学药剂和线虫对害虫的作用位点是相互独立的，同时喷施农药和昆虫病原线虫防控是害虫对化学药剂"抗性转移"一种可行的手段。室内测定 3 种线虫（*H.indica*、*S.carpocapsae* 和

*S. glaseri*）和 18 种草地贪夜蛾常用杀虫剂的相互作用，发现毒死蜱、溴氰菊酯、虱螨脲、溴氰菊酯＋三唑磷、除虫脲、氯氟氰菊酯、高效氯氟氰菊酯、多杀霉素等 12 种药剂与 3 种线虫之间有很好的兼容性，对线虫的致病力不存在显著影响。同样，Viteri et al.（2018）也发现线虫 *S. carpocapsae* 品系与氯虫苯甲酰胺或乙基多杀菌素协同使用时对草地贪夜蛾 5 龄幼虫的致死率超过 90%。但目前对于昆虫病原线虫防控草地贪夜蛾的研究大都以室内毒力测定为主，在应用、实践方面的研究相对较为缺乏。

### 5.2.3 植物源农药

植物中含有多种能够抵抗害虫的次生代谢物质，可以利用分离提纯等办法分离得到植物中的杀虫活性物质，研制出用于害虫防治的植物源农药。目前已明确具有开发应用前景的防治草地贪夜蛾的植物资源包括 30 多个科 80 多种，其中，植物资源最多的是菊科（11 种）、唇形科（8 种）、豆科（6 种）、楝科（6 种）和禾本科（5 种）等，这些植物中的有效成分可以直接毒杀草地贪夜蛾。

性信息素对草地贪夜蛾有一定诱捕效果（Tumlinson et al.，1986），现已开发出性信息素诱捕器对草地贪夜蛾进行田间动态监测。

我国农业农村部 2020 年 1 月发布的应急防治用药推荐名单含有 5 种生物制剂，即甘蓝夜蛾核型多角体病毒、苏云金杆菌、金龟子绿僵菌、球孢白僵菌、短稳杆菌。

## 5.3 热带地区寄生蜂防治技术

### 5.3.1 夜蛾黑卵蜂

夜蛾黑卵蜂（*Telenomus remus* Nixon）属膜翅目（Hymenoptera）缘腹细蜂科（Scelionidae）黑卵蜂属（*Telenomus*），是一种优良的卵寄生蜂。

### 5.3.1.1 夜蛾黑卵蜂扩繁模式

在替代寄主上饲养卵寄生蜂是降低成本、提高生防介体利用率的重要步骤。从 20 世纪 70 年代开始，国外学者就开展了夜蛾黑卵蜂室内人工扩繁和规模化饲养方面的研究。替代寄主的筛选是人工扩繁寄生蜂的首要工作。通过测试夜蛾黑卵蜂在 39 种鳞翅目昆虫卵上的寄生效果后发现，有 11 种夜蛾科和 1 种螟蛾科昆虫卵可被寄生。夜蛾黑卵蜂广泛的寄主范围可以确保其在田间释放后有较好的存活率。饲养在斜纹夜蛾卵上的夜蛾黑卵蜂偏好寄生甜菜夜蛾卵和米蛾卵；此外，还发现在米蛾卵上繁育的子代蜂在寄生米蛾卵时寄生率会提升到40%。由此认为，米蛾卵可能会成为室内饲养夜蛾黑卵蜂的候选替代寄主。

### 5.3.1.2 储存技术

天敌生产计划与田间应用在供需关系或时间方面存在的不协调通常会使天敌利用率降低，生产成本升高，因此在不影响天敌产品正常生命指标的前提下探索其有效的储存条件是促进生防产业发展的重要内容。通常情况会通过滞育调控的手段对寄生蜂产品进行滞育诱导、滞育维持，以期获得较长的商品货架期；或者以 4～15℃作为储存条件，即使如此也会对虫体的活性产生不同程度的影响。米蛾卵经紫外处理后在 10℃下放置 7d 后的寄生率高于经紫外杀胚但未低温处理的。夜蛾黑卵蜂蛹的羽化率随着储存时间的延长而下降，在 10℃和 5℃保存 7d 后蛹的羽化率分别为 86.3% 和 64.9%。因此，作者认为未经紫外杀胚的米蛾卵和夜蛾黑卵蜂蛹的最长储存时间分别为 10℃保存 21d 和 7d，而成虫在 5℃或10℃下保存时间要低于 4d。适宜的低温储藏技术不仅能够有效地延长天敌昆虫产品的货架期，而且还可能对天敌昆虫的寄生效能有一定的提升或改善作用。

### 5.3.1.3 包装和运输技术

从室内将扩繁的天敌产品运输到田间是发挥天敌控害作用的重要环节，如何破解生防计划中天敌产品"最后一公里"的包装和运输问题是应用中面临的难题之一。因此,为了生防计划的顺利实施,需要探索应如何将天敌产品进行包装和运输到田间地头。

通过利用顶部镶嵌有金属网的塑料盒作为运输夜蛾黑卵蜂卵卡的容器。在塑料盒内,用带有裂缝的泡沫板作为卡槽,将夜蛾黑卵蜂卵卡嵌合在卡槽内起固定作用,每盒可放上下两层卵卡。若运输量较大时,可将卵卡以背对背的方式嵌合在同一个卡槽内以提高运输效率。一个容器可容纳 20 000 粒被寄生卵,成本约 2 元人民币。研究还发现,用该装置运输 0 ~ 4 日龄的被寄生卵可以在田间释放后达到比较理想的状态;如果要运输低温储藏过的 2 日龄被寄生卵,则运输前的储藏时长最好不超过 4d。可看出,对天敌产品包装和运输的深入研究对天敌控害效能具有重要意义。

### 5.3.2　螟蛉盘绒茧蜂

螟蛉盘绒茧蜂［*Cotesia ruficrus*（Haliday）］为一种内寄生蜂,主要寄生夜蛾科与螟蛾科低龄幼虫,并使得幼虫在进入高龄暴食期以前就因为被寄生而死亡,从而达到防治效果。螟蛉盘绒茧蜂可以寄生草地贪夜蛾 1 ~ 3 龄幼虫,寄生蜂在寄主体内发育至成熟后才从寄主体内爬出结茧化蛹,并使得寄主正常生长发育受到抑制而死亡。螟蛉盘绒茧蜂作为一种聚寄生蜂,即使单次寄生也会在寄主体内产下多个后代,而过寄生在聚寄生蜂中普遍存在。过寄生能够提升寄生蜂寄生的成功率,但也会对子代生长发育造成影响。寄生次数的增加会显著延长螟蛉盘绒茧蜂卵—幼虫的发育历期,但卵—成虫的发育历期无显著变化,出茧数显著上升,成虫寿命显著缩短,性比显著下降,成蜂个体变小。

### 5.3.3　淡足侧沟茧蜂

淡足侧沟茧蜂（*Microplitis pallidipes* Szepligeti）属膜翅目（Hymenoptera）茧蜂科（Braconidae）侧沟茧蜂属（*Micro plitis*）,是鳞翅目夜蛾科害虫幼虫的一

种优势寄生蜂，在调控鳞翅目夜蛾科、尺蛾科的自然种群数量增长方面起着极其重要的作用。

从定量研究来看，1 头淡足侧沟茧蜂雌蜂平均可寄生 101.6 头幼虫，且集中在产卵的前 3d，占 90% 以上；从产卵的时段来看，主要在白天进行，且以下午最为活跃，产卵量高于上午。同时根据淡足侧沟茧蜂对不同虫龄的选择寄生，偏好于 2 ～ 3 龄的草地贪夜蛾幼虫的特点，在人工大量繁殖淡足侧沟茧蜂时，可用草地贪夜蛾 2 龄初至 3 龄末的幼虫作接蜂寄主，提高寄生率。

# ⑥ 草地贪夜蛾的综合防治

## 6.1 农业防治

农业防治是应用农业技术措施，有目的有计划地改变农业生态环境，创造有利于栽培作物的生长发育条件，避免出现过多的杂草以及病虫害，减少病虫的发生次数，有效减轻或者避免病虫草害的发生。在进行具体的农业防治过程中，要合理地选择抗性良种，及时进行肥水管理、田间清洁等措施，还应合理运用生态调节措施，如间作套种、轮作等，改变农作物的生长环境。农业防治以预防为主，在生产作业的过程中保持较强的安全性与持久性。

### 6.1.1 调整玉米播种期

调整玉米物播种期，适期提早播种，使草地贪夜蛾的幼虫期与玉米的苗期至抽雄吐丝期错开，在适期范围内抢时播种，同时避免交错种植，减少桥梁田，减少害虫食源，压低虫源基数，使作物抗虫性的脆弱期避开草地贪夜蛾的高发期，以避免持续为草地贪夜蛾提供理想的寄主植物（即玉米幼株）。

### 6.1.2 种子处理

种子包衣或药剂拌种，省时省力，可以在作物生长早期对草地贪夜蛾起到持续控制的作用。用 48% 溴氰虫酰胺 180 ～ 240mL/100kg 等药剂进行种子包衣对草地贪夜蛾具有较好防效，平均防效均高于 80%，明显优于苗期常规叶面喷雾的处理，且有利于保护天敌。

## 6.1.3 栽培措施

加强科学的田间肥水管理，保持土壤肥力和水分充足，控氮增碳，促进玉米健康生长，增强玉米对草地贪夜蛾的抗性和耐受性。测土配方平衡施肥，合理密度种植，保持植物合理间距，促进株间通风透光可以减轻草地贪夜蛾的危害损失。及时清除田间杂草，以减少中间寄主。利用植物多样性，保持田间植物多元化也有助于减少草地贪夜蛾侵扰，并为自然天敌提供栖息场所。

## 6.1.4 轮作套作结合

保持作物种植多样化，实行寄主与非寄主作物轮作、禾本科与非禾本科作物间作套种，轮作可以调整土壤通透性，均衡养分，改变微生物群落结构，以此提高作物的产量。例如与大豆、花生等非禾本科作物间作套种，间作田中以草地贪夜蛾幼虫为食的蠼螋、蜘蛛等天敌的密度比单作田高。也可在玉米田间作套种豆类、瓜类等对害虫具有驱避性的植物，减少草地贪夜蛾在玉米等禾本科作物上产卵的概率。

## 6.1.5 "推拉"策略

采用"推拉"策略，将作物与对草地贪夜蛾有驱赶作用的植物间作（推），在作物田块周围种植对草地贪夜蛾具有更强吸引作用的植物（拉），如在田边分批种植甜糯玉米诱虫带，趋避害虫或集中歼灭，减少田间虫量。研究发现，与单一种植玉米的田块相比，"推拉"策略可使玉米上草地贪夜蛾幼虫数量降低 82.7%，危害程度降低 86.7%，还能增产 2.7 倍。

### 6.1.6　种植抗（耐）虫品种

对草地贪夜蛾具抗性的作物品种分为常规抗虫作物和转 Bt 基因作物两大类，转 Bt 基因抗虫玉米在种植初期比常规抗性品种对草地贪夜蛾的抗性更强、效果更好，室内测定发现，Cry1Ab、Cry1Ac、Cry1F、Cr2Ab 及 Vip3A 5 种 Bt 蛋白对草地贪夜蛾幼虫均有较高的毒力，Bt–Cry1Ab 和 Bt–（Cry1Ab+Vip3Aa）两种国产转基因玉米均对草地贪夜蛾 1 ～ 4 龄幼虫具有很强的杀虫活性。

## 6.2　物理防治

物理防治是一种比较天然、不会对植被造成过多损伤的手段，常见的方法有雷达监测技术、灯光诱杀技术等。雷达监测技术的主要原理在于利用生态、气象以及雷达信息，让技术人员准确了解草地贪夜蛾的动态、迁飞规律等，从而提前制定完善的措施来进行预防。灯光诱杀技术的应用比较普遍，利用害虫的趋光性，诱杀草地贪夜蛾，效率高、成本低，且对环境无毒无害。

### 6.2.1　高空测报灯诱杀

在迁飞性害虫通道地区设置一体式高空测报灯，可设在楼顶、高台等相对开阔处，或安装在病虫观测场内，控制面积在 66.7hm$^2$ 左右，可参考等腰三角形布排，要求其周边无高大建筑物遮挡强光源干扰，灯光可向上和四周发射，高于植物冠层，可有效诱集高空的迁飞性害虫，监测害虫种群动态。

### 6.2.2　虫情测报灯诱杀

虫情测报灯为农林业虫情测报而研制，该灯利用光电技术实现自动诱虫、杀虫、分装等功能。可配备风速风向、环境温度湿度、光照等多种传感器接口，在需要时监测环境参数，并可通过 GPRS 上传数据，为虫情的可视化、在线实时监测提供支持。广泛应用于农业、林业、牧业等领域。

## 6.2.3 太阳能杀虫灯诱杀

太阳能杀虫灯借鉴黑光灯的基本原理及应用经验，利用害虫的趋光趋波特性，将频振波作为一项诱杀害虫成虫新技术应用于灭虫器械，并将光的波长范围调整为320～650nm，增加了诱杀害虫的种类；利用光近距离、波远距离引诱害虫成虫扑灯，灯外配以频振高压电网，采用非接触式方式，达到杀灭害虫控制虫害的目的。太阳能杀虫灯无须交流电，不用挖沟拉线，天黑灯亮，天亮灯熄，并且对人、畜安全，可用于大田害虫防治，同时也可作危害虫测报工具。

## 6.2.4 性诱剂诱杀

诱捕器工作原理主要是利用昆虫性诱剂引诱害虫雄虫，达到不能交配产生下一代的目的。性诱剂具有专一性，不同的昆虫有不同的引诱剂。在玉米等寄主作物全生育期，设置罐式诱捕器，诱芯置于诱捕器内，每日上午检查记录诱到的蛾量。性诱剂诱捕器是草地贪夜蛾监测的有效工具。

## 6.2.5 糖醋液诱杀

利用草地贪夜蛾在成虫期需要补充营养的特性，对其使用食诱剂或糖醋液进行诱捕，减少田间落卵量。除此之外，还可以通过食诱吸引草地贪夜蛾的天敌，利用天敌的捕食或对草地贪夜蛾寄生来进行有效防治。有试验表明，与经纯水处理的玉米相比，喷施蔗糖溶液的玉米草地贪夜蛾的天敌数目增加70%，草地贪夜蛾的侵染率降低18%，玉米平均叶面积损害率降低了35%，说明在玉米上喷施蔗糖可以吸引草地贪夜蛾的天敌，最终减少草地贪夜蛾的数量和危害。

# 6.3　生态调控

草地贪夜蛾是入侵我国的重大迁飞性害虫，具有取食范围广、繁殖力强等特点，对我国农业生产造成极大威胁。目前，有多种防治技术可以将其控制在经济危害允许水平以下，而生态调控就是其中之一，作物、害虫、天敌及其周围环境在相互作用和相互制约之下形成一个完整的农田生态系统，害虫的治理需要从这个整体出发，结合各种基本原理，综合多种生态调控手段，以达到综合治理害虫的目的。

在生态调控技术上，将草地贪夜蛾周年发生区和早期境外虫源迁入区作为重点，强化生态预防措施。科学选择种植抗耐虫品种，或在田边分批种植甜糯玉米诱虫带，趋避害虫或集中歼灭，减少田间害虫发生量。免耕与地表覆盖同时进行可以在减少草地贪夜蛾危害的情况下使作物增产。

健康的植株通常抗虫性较好，因此可通过加强对作物的管理，合理利用化肥和农药，控制农田的灌溉和排水，调整生态环境，可以有效地预防和控制草地贪夜蛾的暴发。加强田间水肥管理，科学合理使用农药，提高作物耐害性。采用豆类、瓜类、洋葱等对害虫具有驱避性的植物进行间作套种，可以充分发挥生物多样性的作用，形成生态抑制，可有效减少草地贪夜蛾在玉米上的存活率。

利用天然的生物控制手段，培育和引进草地贪夜蛾的天敌，例如短管赤眼蜂、缘腹绒茧蜂、夜蛾黑卵蜂、黑唇姬蜂和小茧蜂等寄生蜂，瓢虫、草蛉、螳螂和捕食螨等捕食性天敌等，将它们释放到常发生草地贪夜蛾危害的地区，这样可以长期有效地抑制草地贪夜蛾的繁殖和扩散。这种方法相对其他化学药剂比较安全，不会使害虫产生抗药性，不会对环境和人、畜造成不良影响。

## 6.4 无人机施药技术

为了保障粮食安全，稳定农作物生产量，当前应用最多且最快捷有效的方法就是喷施农药，而在人口老龄化、城镇化的大环境下，农用植保无人机是一种在农作物生产上应用的高新技术，相对于传统的背负式人工喷药，具有工作效率高、喷雾均匀、对农作物无损伤以及成本低等优点，且无人机在山地、沼泽等传统农具无法作业的地区可以正常开展作业，不受地理环境的限制，技术人员可以远程操控无人机的具体工作模式进行精准控制，对于农民来说节约了大量时间成本，且可以在病虫害造成大发生之前及时控制。

植保无人机类型有很多，从升力部件类型来分，通常在农业上使用的植保无人机类型有电动多旋翼或单旋翼两种；从动力部件类型来分，可以分为电动植保无人机和油动植保无人机等；从无人机的起降类型分为垂直起降型和非垂直起降型。已有研究表明，采用无人机施药防治草地贪夜蛾的效果显著高于传统人工处理。有学者将甲维·高氟氯和苏云金杆菌两种药剂分别使用植保无人机和机动喷雾器进行喷施，均对草地贪夜蛾表现出良好防效，这两种施药技术防治草地贪夜蛾 10d 后的效果虽无显著性差异，但苏云金杆菌属于微生物源杀虫剂，综合考虑环境因素以及防治效果，更建议在农业生产中使用植保无人机喷施苏云金杆菌作为首选的施药技术与防治药剂。10% 四氯虫酰胺悬浮剂和20% 氯虫苯甲酰胺悬浮剂属于双酰胺类杀虫剂，二者的内吸性较强，使用无人机喷雾可以充分发挥药效来防治玉米上的草地贪夜蛾。触杀剂乙基多杀菌素和甲维盐，胃毒剂氯虫苯甲酰胺均对草地贪夜蛾有较好的防治效果，都可以作为防治草地贪夜蛾的农药，但使用无人机喷施氯虫苯甲酰胺在施药后第 1 天的防治效果优于传统的背负式人工喷药，随着天数增加无人机的防治效果逐渐低于背负式人工喷药。在使用无人机喷施药剂的同时添加喷雾助剂可以提高对草地贪夜蛾的防治效果，因此在草地贪夜蛾发生初期可以先采用无人机喷施氯虫苯甲酰胺进行防治，在虫情大暴发之前及时遏制，随后再更换喷药方式，结合多种防治手段综合处理，将草地贪夜蛾危害控制在经济危害允许水平以下。

## 6.5　科学用药

农药是重要的农业生产资料，施用农药是防病治虫、促进粮食和农业稳产高产的重要措施，但盲目用药和过量用药导致的生产成本增加、农药残留超标、作物药害、环境污染等问题也不容忽视。科学用药是实现农药减量的必然选择，党的十九届五中全会明确提出"十四五"时期要推动农业绿色发展，推进农药减量化。首先，要正确理解减量化的含义，不能单纯的把减量化理解为农药使用量的减少，而是更多地从"科学化"的角度来阐释。受各种因素影响，目前我国农作物病虫害呈高发重发频发的态势，防控形势十分严峻，农药的作用依然重要。我国农药减量化的目标是农药使用结构持续优化，统防统治、绿色防控深入民心，全面禁止高毒农药使用，从而达到稳产保供、减施增效、环境友好的效果。

科学合理使用农药，要注意以下几点。

一是遵守农药安全使用规则。严格禁止剧毒、高毒、高残留或具有三致性（致癌、致畸、致突变）的农药在食用农产品上使用。根据作物种类不同、安全程度要求不同，对某些农药的使用范围进行进一步的限制。用药时，要充分考虑化学农药给人类健康、环境安全和生物多样性带来的影响，避免使用高毒农药。根据国家立法和国际准则，选择国际上已经注册登记、允许使用的农药来防治草地贪夜蛾。

二是遵循农药安全间隔期。安全间隔期是指最后一次施药至收获作物前的时间，也就是自喷药后到残留量降至最大允许残留量时所需的时间，生产符合标准的农产品，为人类食品安全着想。

三是根据田间种群监测及经济危害水平来指导用药。虫害达此密度时应该采取控制措施，以防止种群密度增加而达到经济损害水平，根据经济阈值来施用适当的农药，而不是随用随喷，以达到一定的经济效益，保障国家粮食产量保持经济稳定上升。

四是轮换用药。要根据农药使用说明书推荐的浓度和剂量适量喷洒，并注意轮换使用不同作用机制、无交互抗性的药剂，延缓抗药性的发展。

五是科学施药时间。科学选择每种农药的最佳使用方法和使用时间，严格控制农药的使用量和使用次数，无须用药时坚决不用药，必须用药时也尽量少用，严禁超剂量用药，杜绝打"保险药"。

六是施药多样化。除了常规的喷雾外，还可采用其他方法施药，如制毒饵、土壤施药、涂药、滴药、烟熏等，交替使用不同用药方法，有助于预防草地贪夜蛾的抗药性。

七是安全防护措施。施用农药的人员必须做好安全防护措施，防止施药人员中毒。废弃和过期的农药剩余的药液、施药器械的清洗液、空容器等应集中处理。

八是减少用药。通过耕作措施，能消灭部分害虫，造成不利于害虫发生的条件，同时提高作物抗害虫的能力。如进行田园清洁，处理虫残体，减少害虫的来源；合理密植，增加田间的通风透光，及时排除渍水，降低田间的湿度；科学配方施肥，使农作物健壮生长，提高其抗害虫的能力。

草地贪夜蛾目前主要还是以化学防治为主，但要精准用药、适时用药、正确施药才能达到精确有效防治且尽可能减少农残的目的。草地贪夜蛾危害达到一定经济阈值时就要进行施药防治，其防治指标为：玉米苗期被害株率＞10%，大喇叭口期被害株率＞30%，穗期被害株率＞10%。正确的施药方法也是防治草地贪夜蛾的关键因素之一，要根据草地贪夜蛾生理特性及危害特点进行防治，主要有以下两点。

一是生活习性。草地贪夜蛾喜欢在无阳光直射时爬出取食，并且喜欢在玉米心叶、幼穗等幼嫩的部位取食。应选取清晨或傍晚草地贪夜蛾出没时喷药，将药喷洒在玉米心叶、雄穗和雌穗等易受草地贪夜蛾危害的关键部位。

二是施药龄期。卵块时期可以采用人工剔除的方式，而 3 龄幼虫以前草地贪夜蛾生命力较弱，可抓住这个时机精准施药；对虫口密度高、集中连片发生区域，抓住幼虫低龄期实施统防统治和联防联控；对分散发生区实施重点挑治和点杀点治。草地贪夜蛾成虫可使用性诱剂诱杀，充分结合其不同龄期采取不同的灭杀方法。

草地贪夜蛾对杀虫剂抗性的形成与其解毒酶活性的增强和靶标敏感性降低有关，同时靶标受体突变往往会导致高水平的抗性。长期大量、不合理使用单一杀虫剂会引起草地贪夜蛾的抗药性，必然会导致用药量和用药次数增加以及环境污染加重等问题，因此，延缓草地贪夜蛾抗药性发展需要注意以下问题。

一是及时进行抗药性监测，基于草地贪夜蛾的抗性遗传机制所决定的等位基因频率变化，探究其抗药性的快速监测方法，如聚合酶链式反应（PCR）的等位基因型和基因频率鉴定方法等。

二是注意交替用药和药剂复配，避免连续使用作用机制相同或相似的杀虫剂。用药方面尽量推广应用乙基多杀菌素、茚虫威、甲维盐、虱螨脲、虫螨腈、氯虫苯甲酰胺等高效低风险农药，注重农药的交替使用、轮换使用、安全使用，延缓抗药性产生。通过开展草地贪夜蛾幼虫生理学和生物化学的研究，结合其生长发育规律，在现有杀虫剂结构的基础上，创制高效、低毒和低残留的杀虫剂新品种，提高防控效果，改良现有的药剂剂型，增加纳米农药的使用，以达到缓效、低毒的目的。

三是施药多样化。选取多种多样的施药方式如喷施、撒施、种子处理、食诱等。还可借鉴国外防治经验中种子处理、施药技术优化、提高作物抗虫性以及农药的减施增效措施。其中，植保无人机施药具有高效、精准等优点，可以在害虫暴发初期快速作业，从而弥补劳动力短缺的问题。在海南草地贪夜蛾周年繁殖地区，航空施药防效高于人工喷雾处理，且防控成本较低。

选用农药时可选取一些有效的生物农药如核型多角体病毒、绿僵菌、白僵菌等配合化学农药使用，可适当减少化学农药的使用次数并增加防治效果。结合监测站点虫源动态、田间调查、虫情测报及其他防治手段开展综合治理。相关管理人员也要积极向当地农户宣传正确的用药方式、药剂种类及相关的用药知识，严格控制用药量及重残留农药，通过提升农户认知水平来提升虫害防治效率。总之，应因地制宜，选取适合的农药使用方案和技术措施，搭配不同的增效剂，使防治工作达到最有效化。

## 6.5.1 添加芦荟精油的增效作用

供试药剂包括150g/L茚虫威乳油（美国富美实公司）和芦荟精油（青岛金田谷农业发展有限公司）。供试昆虫为草地贪夜蛾，采自儋州那大镇六坡玉米地，在实验室进行人工饲养，饲养条件为温度（25±2）℃，光周期L/D=14/10，相对湿度65%～85%，挑选个体大小一致、健康活泼的2龄、4龄、6龄虫体进行室内生物测定。

### 6.5.1.1 芦荟精油对茚虫威表面张力、扩展直径和持留量的影响

将150g/L茚虫威乳油配制为质量浓度为75.0mg/L、40.0mg/L、20.0mg/L、10.0mg/L、5.0mg/L和2.5mg/L的药液各2份，其中一份添加体积浓度为0.05%的芦荟精油，另外一份不添加助剂。待药液混匀后用移液枪取1μL待测液于干净的载玻片上，静置5min后用电子显微镜拍照测量药液的最大直径和最小直径，取平均值，重复3次。

选取老嫩一致的玉米小喇叭口期叶片，在叶片同一位置用手术刀将其切成长5cm×宽1.5cm，用镊子夹取叶片快速用电子天平称量，记录初始质量（$m_1$，g），将称量完的叶片于药液中静置10s后拿出，待无药液滴下时测定其质量（$m_2$，g）。试验重复3次，每次3片叶片，每个质量浓度的茚虫威处理共9片，计算药液最大持留量（$R_M$），结果取平均值。

$$R_M = (m_2 - m_1)/(2 \times S) \tag{6-1}$$

式中，$S$为玉米叶片表面积（$cm^2$）。

由表 6-1 可知，添加芦荟精油可明显降低茚虫威药液表面张力、增大药液的扩展直径和提高药液在玉米叶片表面的持留量，且同等茚虫威质量浓度下，添加芦荟精油较未添加芦荟精油的表面张力、扩展直径和持留量差异显著。芦荟精油对高浓度茚虫威表面张力、扩展直径和持留量的影响较低浓度明显，当药剂浓度为 75mg/L 时，添加芦荟精油的扩展直径、持留量均达到最大，表面张力下降最为明显。

表 6-1　添加 0.05% 芦荟精油对茚虫威表面张力、扩展直径和最大持留量的影响

| 处理 | I 质量浓度（mg/L） | 表面张力 | | 扩展直径 | | 最大持留量（$R_M$） | |
|---|---|---|---|---|---|---|---|
| | | 平均值（mN/m） | 增（减）率（%） | 平均值（mm） | 增（减）率（%） | 平均值（mg/cm$^2$） | 增（减）率（%） |
| I+A | 75 | 29.50±0.10k | −（54.35±1.24）f | 2.93±0.02a | 48.40±1.72a | 4.65±0.02a | 42.72±1.66a |
| | 40 | 34.43±0.25j | −（48.99±1.23）e | 2.44±0.02b | 40.23±4.86b | 4.30±0.08b | 35.69±1.38b |
| | 20 | 37.43±0.35i | −（45.78±1.10）d | 2.14±0.04c | 35.72±3.35c | 3.98±0.18c | 31.41±1.89c |
| | 10 | 40.90±0.30h | −（41.08±0.94）c | 2.01±0.06d | 32.74±2.96d | 3.84±0.14c | 26.14±3.31c |
| | 5 | 46.30±0.20f | −（34.92±1.02）b | 1.81±0.04e | 30.06±0.97e | 3.54±0.10d | 20.89±1.87d |
| | 2.5 | 51.60±0.36e | −（30.95±1.32）a | 1.69±0.05f | 27.70±1.19c | 3.34±0.13e | 16.75±2.86e |
| I | 75 | 45.53±0.25g | | 1.98±0.02d | | 3.25±0.06e | |
| | 40 | 51.30±0.10e | | 1.74±0.06f | | 3.17±0.07ef | |
| | 20 | 54.57±0.12d | | 1.58±0.07g | | 3.03±0.18fg | |
| | 10 | 57.70±0.10c | | 1.51±0.06h | | 3.05±0.12fg | |
| | 5 | 62.47±0.21b | | 1.39±0.04i | | 2.93±0.04g | |
| | 2.5 | 67.57±0.21a | | 1.33±0.07j | | 2.86±0.10g | |

注：I. 茚虫威；A. 体积浓度为 0.05% 的芦荟精油；下同。同列数据后不同字母表示经 Duncan 氏新复极差法检验在 $P$=0.05 水平差异显著。

## 6.5.1.2　添加芦荟精油对茚虫威室内毒力的影响

采用浸叶法处理。取新鲜玉米嫩叶，用剪刀剪成长、宽约 3cm 大小，将叶片置于各药剂浓度中浸渍 10s，自然晾干后，分别置于底部垫有湿润滤纸的 9cm 培养皿中，向各培养皿中分别接入 10 头龄期一致（2 龄、4 龄、6 龄）的草地贪

夜蛾幼虫，每个质量浓度重复 3 次，即每个质量浓度各龄期共 30 头虫。将培养皿置于温度（25±2）℃、相对湿度 60%～75%、光照周期为 L/D = 14/10 的人工气候箱中，分别于 24h 和 48h 调查草地贪夜蛾死虫数（调查时用毛笔尖轻触试虫，身体不动则视为死亡），计算死亡率、校正死亡率、毒力线性回归方程、致死中浓度 $LC_{50}$ 值和 $LC_{50}$ 值 95% 置信区间等。

$$死亡率＝死虫数 / 总虫数 \times 100\% \tag{6-2}$$

$$校正死亡率＝（处理组死亡率 - 对照组死亡率）/（1 - 对照组死亡率）\times 100\% \tag{6-3}$$

由表 6-2、表 6-3 可知，添加芦荟精油可提高茚虫威对草地贪夜蛾幼虫的毒力效果，芦荟精油对 2 龄幼虫室内毒力的影响明显高于 4 龄幼虫和 6 龄幼虫，添加芦荟精油对 2 龄幼虫 24h 和 48h 以及 4 龄幼虫 24h 的室内毒力较未添加芦荟精油的室内毒力差异显著，对 2 龄幼虫 24h 和 48h 的毒力分别提高 19.61% 和 16.44%，对 4 龄幼虫 24h 和 48h 的毒力分别提高 12.39% 和 10.26%，对 6 龄幼虫 24h 和 48h 的毒力分别提高 8.02% 和 7.20%。

表 6-2 添加 0.05% 芦荟精油对茚虫威室内毒力的影响

| 处理 | 龄期 | 处理时间（h） | $LC_{50}$（mg/L） | 95% 置信区间 | 斜率 ± 标准误 | $P$ 值 | 卡方检验（$\chi^2$） |
|---|---|---|---|---|---|---|---|
| I+A | 2 | 24 | 9.64 | 9.254～12.306 | 0.879 4±0.106 | 0.913 | 0.526 |
| | | 48 | 7.97 | 5.910～10.196 | 0.926 3±0.113 | 0.724 | 1.323 |
| | 4 | 24 | 15.26 | 11.016～23.209 | 0.897 3±0.179 | 0.712 | 1.374 |
| | | 48 | 13.16 | 9.806～19.281 | 0.871 5±0.181 | 0.976 | 0.211 |
| | 6 | 24 | 23.81 | 16.044～40.963 | 0.908 6±0.152 | 0.826 | 0.897 |
| | | 48 | 21.68 | 15.586～33.586 | 0.917 3±0.102 | 0.723 | 1.327 |
| I | 2 | 24 | 11.53 | 8.609～15.216 | 1.037 6±0.127 | 0.744 | 1.238 |
| | | 48 | 9.28 | 6.869～12.094 | 0.982 6±0.097 | 0.766 | 1.146 |
| | 4 | 24 | 17.15 | 12.777～20.062 | 0.953 7±0.091 | 0.880 | 0.672 |
| | | 48 | 14.51 | 10.746～19.866 | 0.946 3±0.095 | 0.883 | 0.657 |
| | 6 | 24 | 25.72 | 17.628～46.190 | 0.914 2±0.095 | 0.983 | 0.168 |
| | | 48 | 23.24 | 16.594～41.458 | 0.886 4±0.093 | 0.914 | 0.521 |

表 6–3  添加 0.05% 芦荟精油对茚虫威室内毒力的差异比较

| 龄期 | 处理时间（h） | 添加芦荟精油 | | 未添加芦荟精油 | | 增（减）率（%） |
| | | 毒力回归方程 | LC$_{50}$（mg/L） | 毒力回归方程 | LC$_{50}$（mg/L） | |
| --- | --- | --- | --- | --- | --- | --- |
| 2 | 24 | $y=0.879\ 4x+4.134\ 6$ | 9.64b | $y=1.037\ 6x+3.898\ 2$ | 11.53a | 19.61 |
| | 48 | $y=0.926\ 3x+4.165\ 0$ | 7.97b | $y=0.982\ 6x+4.049\ 3$ | 9.28a | 16.44 |
| 4 | 24 | $y=0.897\ 3x+3.938\ 0$ | 15.26b | $y=0.953\ 7x+3.822\ 9$ | 17.15a | 12.39 |
| | 48 | $y=0.871\ 5x+4.024\ 6$ | 13.16a | $y=0.946\ 3x+3.900\ 7$ | 14.51a | 10.26 |
| 6 | 24 | $y=0.908\ 6x+3.749\ 1$ | 23.81a | $y=0.914\ 2x+3.710\ 7$ | 25.72a | 8.02 |
| | 48 | $y=0.917\ 3x+3.774\ 4$ | 21.68a | $y=0.886\ 4x+3.789\ 0$ | 23.24a | 7.20 |

注：同行数据后不同字母表示经 Duncan 氏新复极差法检验在 $P=0.05$ 水平差异显著。

### 6.5.1.3  芦荟精油对茚虫威田间防效的影响

试验于儋州市那大镇六坡玉米地进行，试验时玉米处于小喇叭口期，草地贪夜蛾发生严重，大多处于 2 ～ 3 龄，试验设置 150g/L 茚虫威乳油 2 000 倍液、150g/L 茚虫威乳油 2 000 倍液 +0.05% 芦荟精油和清水对照 3 个处理，每处理重复 3 次，每小区 30m²，各小区设置保护行，小区采用随机区组排列。试验共计施药 1 次，于 2020 年 4 月 29 日施药，施药当天天气较好，施药前进行虫口基数调查。

采用全国农业技主推广服务中心关于印发《草地贪夜蛾测报调查方法（试行）》的通知中的调查办法，采用 5 点取样法调查，每点调查 10 株并做好标记，共计 50 株。分别于施药后 1d、3d、5d、10d 调查虫口数，计算虫口减退率和防效。

虫口减退率 =（药前虫口数—药后虫口数）/ 药前虫口数 ×100%　　（6–4）

防效 =（处理区虫口减退率—空白对照区虫口减退率）/（1 —空白对照区虫口减退率）×100%　　（6–5）

由表 6–4 可知，芦荟精油可提高茚虫威对草地贪夜蛾的田间防效，添加芦荟精油在施药后 1d 和 3d 的田间防效较未添加精油的田间防效差异显著，防效增（减）率介于 3.82% ～ 26.93%，芦荟精油对茚虫威施药后 1d 的防效增加最为明显，增（减）率为 26.93%。

表6-4 添加0.05%芦荟精油对茚虫威田间防效的增效作用

| 处理 | 虫口基数 | 药后1d | | 药后3d | | 药后5d | | 药后10d | |
|---|---|---|---|---|---|---|---|---|---|
| | | 虫口减退率(%) | 防治效果(%) | 虫口减退率(%) | 防治效果(%) | 虫口减退率(%) | 防治效果(%) | 虫口减退率(%) | 防治效果(%) |
| I+A | 95.67 | 88.56 | 82.35±2.18a | 90.86 | 86.26±0.9a | 91.48 | 87.75±3.50a | 91.17 | 85.40±3.81a |
| I | 77.33 | 77.24 | 64.88±2.37b | 84.68 | 76.96±2.50b | 89.24 | 84.52±4.33a | 88.10 | 80.34±3.13a |
| 增(减)率(%) | | | 26.93 | | 12.08 | | 3.82 | | 6.30 |

注：同列数据后不同字母表示经Duncan氏新复极差法检验在P=0.05水平差异显著。

近年来随着农药喷雾助剂的开发及研究，越来越多的农药助剂用于有害生物的防治工作中。农药助剂通过降低药液的表面张力，提高药液的润湿性和展布力，从而提高药液在靶标表面的黏附与沉积，对农药药效的发挥具有一定的增效作用。植物精油作为一种天然的植物提取物，具有一定的抑菌、杀虫、杀螨、驱虫、抗氧化作用，在害虫防治中具有一定的应用。

农药在施用过程中，药液通过在靶标表面沉积、润湿、铺展，从而实现农药有效成分的渗透和传递，发挥防治效果。根据润湿方程，当药液的表面张力大于植物叶片的临界表面张力时药液不能在叶面润湿展布。表面张力的降低有助于药液在靶标表面的黏附，但表面张力过小，反而会使药液容易滑落。本研究添加0.05%芦荟精油后，茚虫威药液表面张力明显降低，且持留量均有不同程度的增加，说明添加浓度适中。药液在靶标作物表面的持留量和作物界面特性有关，本次药液持留量试验采集的叶片为玉米小喇叭口期叶片，叶片表面具有一层蜡质层和茸毛，对药液存在一定的疏水性，添加芦荟精油后，降低药液表面张力，增大扩展直径，提高药液的润湿展布性能。芦荟精油可使茚虫威对草地贪夜蛾的室内毒力提高7.02%～19.01%，尤其对2龄幼虫的毒力提高较为明显，这可能是2龄幼虫体内解毒酶活性较低或芦荟精油增加了茚虫威在草地贪夜蛾体内的渗透性。海南地处热带地区，高温高湿多雨的气候环境，适合周年种植玉米，为草地贪夜蛾的繁殖创造了有利条件。笔者在进行草地贪夜蛾调查时发现，海南草地贪夜蛾发生较重，当玉米出苗15d左右，植株危害率约85%，本次田间施药时，玉米处于小喇叭口期，草地贪夜蛾大多处于低龄幼虫（2～3龄），单独施用150g/L茚虫威乳油2000倍液的防效介于64.88%～84.52%，添加芦荟精油后，防效介于82.35%～87.75%，防效可提高3.82%～26.93%，其中对施药后1d的防效增效最为明显，故生产上可在草地贪夜蛾低龄幼虫期添加植物精油用于害虫防治。

随着不同种类药剂的使用，草地贪夜蛾已经出现了不同程度的抗药性。截至2017年，美洲地区的草地贪夜蛾至少对包括氨基甲酸酯类、有机磷类、拟除虫菊酯类及Bt杀虫蛋白等不同类型共29种杀虫剂产生了抗药性。草地贪夜蛾虽然入侵我国时间较短，但已发现对有机磷类、氨基甲酸酯类和拟除虫菊酯类杀虫剂达到中至高等抗性水平。添加助剂可有效降低药剂的使用量，适当延缓抗药性水平的发生。

茚虫威为噁二嗪类杀虫剂，对鳞翅目类害虫具有较好的杀虫活性，是农业农村部防治草地贪夜蛾的推荐使用药剂。芦荟精油通过降低药液表面张力、增大扩展直径和提高药液在玉米叶片上的持留量，提高茚虫威对草地贪夜蛾的室内毒力及田间防效。芦荟精油对高浓度茚虫威表面张力、扩展直径和持留量的影响较低浓度明显，对2龄幼虫室内毒力的增效作用高于4龄幼虫和6龄幼虫，添加芦荟精油可提高茚虫威对草地贪夜蛾田间防治的速效性。

### 6.5.2　添加有机硅助剂的增效作用

供试药剂：200g/L氯虫苯甲酰胺悬浮剂，美国杜邦公司；有机硅Silwet408，迈图高新材料（南通）有限公司。

主要仪器：AB135-S电子天平（精确到0.0001g），广州君达仪器仪表有限公司；OLYMPUS-BX43显微镜，奥林巴斯；背负式电动喷雾器，吉林省瑞农科技发展有限公司。

供试昆虫：草地贪夜蛾，采自儋州那大镇六坡玉米地，在实验室进行人工饲养，饲养条件为（25±2）℃，光周期L/D=14/10，相对湿度65%～85%，挑选个体大小一致、健康活泼的 2 龄、4 龄、6 龄虫体进行室内生物测定。

## 6.5.2.1 有机硅 Silwet 408 助剂对药剂理化性质的影响

将 200g/L 氯虫苯甲酰胺悬浮剂配制为质量浓度为 15mg/L、10mg/L、5mg/L、2.5mg/L、1.25mg/L 的药液 2 份，其中一份添加体积浓度为 0.05% 的有机硅 Silwet 408 助剂，另外一份不添加助剂。待药剂混匀后用移液枪取 1μL 待测液于干净的载玻片上，静置 5min 后用电子显微镜拍照测量药剂的最大直径和最小直径，取平均值，重复 3 次。

选取老嫩一致的玉米苗期嫩叶及小喇叭口期、大喇叭口期叶片，在叶片同一位置用手术刀将叶片切成长 5cm、宽 1.5cm 大小，用镊子夹取叶片快速用电子天平称重，记录初始重量（$m_1$, g），将称量完的叶片于上述不同药剂浓度中静置 10s 后拿出，待无药剂滴下时测定其重量（$m_2$, g），重复 3 次，计算药剂最大持留量 $R_M$，结果取平均值。计算公式见式（6-1）。

试验发现，同等浓度下添加有机硅 Silwet 408 助剂可明显增大药剂的扩展直径，提高药剂在玉米叶片表面的持留量（表 6-5）。添加有机硅 Silwet 408 助剂后，药剂扩展直径由 1.45 ～ 1.82mm 增大到 2.10 ～ 3.15mm，增（减）率介于 45.31% ～ 73.15%。药剂在苗期嫩叶上持留量由 2.74 ～ 3.20mg/cm² 增大到 3.25 ～ 4.32mg/cm²，增（减）率介于 18.58% ～ 34.92%。在小喇叭口期叶片上持留量由 2.72 ～ 3.08mg/cm² 增大到 3.32 ～ 4.64mg/cm²，增（减）率介于 22.22% ～ 50.85%。在大喇叭口期叶片上持留量由 2.65 ～ 3.43mg/cm² 增大到 3.46 ～ 6.10mg/cm²，增（减）率介于 30.67% ～ 77.64%。添加有机硅 Silwet 408 助剂后，药剂在大喇叭口期叶片上的持留量高于小喇叭口期叶片和苗期嫩叶上的持留量。相同类型叶片，药剂浓度越高，药液持留量增（减）率越大。

表6-5 添加0.05%有机硅Silwet 408助剂对氯虫苯甲酰胺理化性质的影响

| 处理 | 药剂浓度(mg/L) | 扩展直径 | | 最大持留量 $R_M$ | | | | | |
| --- | --- | --- | --- | --- | --- | --- | --- | --- | --- |
| | | | | 苗期嫩叶 | | 小喇叭口叶片 | | 大喇叭口叶片 | |
| | | 平均值(mm) | 增(减)率(%) | 平均值(mg/cm²) | 增(减)率(%) | 平均值(mg/cm²) | 增(减)率(%) | 平均值(mg/cm²) | 增(减)率(%) |
| 氯虫苯甲酰胺+有机硅Silwet 408 | 1 | 3.15±0.16a | 73.15±5.67a | 4.32±0.20a | 34.92±3.11a | 4.64±0.22a | 50.85±2.77a | 6.10±0.39a | 77.64±2.16a |
| | 0.5 | 2.88±0.15b | 63.36±5.84b | 4.20±0.27ab | 31.85±2.66ab | 4.30±0.20b | 45.94±1.59b | 5.29±0.27b | 58.76±3.89b |
| | 0.25 | 2.55±0.18c | 59.07±2.34bc | 3.95±0.18b | 29.34±2.64bc | 4.02±0.07c | 38.85±2.12c | 4.53±0.29c | 44.39±3.77c |
| | 0.125 | 2.41±0.07d | 53.98±1.63c | 3.61±0.13c | 24.97±2.72c | 3.64±0.10d | 27.14±1.26d | 3.79±0.18d | 37.93±2.24d |
| | 0.062 5 | 2.10±0.10e | 45.31±3.60d | 3.25±0.22d | 18.58±3.21d | 3.32±0.18e | 22.22±1.92e | 3.46±0.09de | 30.67±2.17e |
| 氯虫苯甲酰胺 | 1 | 1.82±0.04f | — | 3.20±0.07d | — | 3.08±0.20ef | — | 3.43±0.18de | — |
| | 0.5 | 1.76±0.04f | — | 3.18±0.15d | — | 2.95±0.11fg | — | 3.33±0.16e | — |
| | 0.25 | 1.61±0.06g | — | 3.06±0.10de | — | 2.89±0.02fg | — | 3.14±0.22e | — |
| | 0.125 | 1.56±0.05gh | — | 2.89±0.06ef | — | 2.87±0.10fg | — | 2.75±0.10f | — |
| | 0.062 5 | 1.45±0.09h | — | 2.74±0.12f | — | 2.72±0.12g | — | 2.65±0.06f | — |

注:同列数据后不同字母表示经Duncan氏新复极差法检验在$P=0.05$水平差异显著,下同。

## 6.5.2.2 有机硅 Silwet 408 助剂对氯虫苯甲酰胺室内毒力的增效作用

采用浸叶法处理。取新鲜玉米嫩叶，用剪刀剪成长宽各 3cm 左右大小，将叶片置于药剂中浸渍 10s，自然晾干后，置于底部垫有湿润滤纸的 9cm 培养皿中，分别接入 10 头大小一致的 2 龄、4 龄、6 龄幼虫，每浓度重复 3 次，将培养皿置于（25 ± 2）℃，相对湿度 60% ～ 75%，光照周期为 L/D = 14/10 的人工气候箱中，分别于 24h、48h 调查草地贪夜蛾死虫数（调查时用毛笔尖轻触试虫，身体不动则视为死亡），计算死亡率和校正死亡率，见式（6-2），式（6-3）。

试验发现，添加有机硅 Silwet 408 助剂可提高药剂对草地贪夜蛾幼虫的毒力效果（表 6-6）。对 2 龄幼虫 24h、48h 的毒力增（减）率分别为 21.12% 和 18.41%，对 4 龄幼虫 24h、48h 的毒力增（减）率分别为 14.23% 和 11.96%，对 6 龄幼虫 24h、48h 的毒力增（减）率分别为 9.49% 和 6.34%。有机硅 Silwet 408 对 2 龄幼虫的增效作用明显高于 4 龄幼虫和 6 龄幼虫。

表 6-6　添加 0.05% 有机硅 Silwet 408 助剂对氯虫苯甲酰胺室内毒力的增效作用

| 处理 | 龄期 | 处理时间（h） | 毒力回归方程 | 相关系数 | LC$_{50}$（mg/L） | 增（减）率（%） |
|---|---|---|---|---|---|---|
| 氯虫苯甲酰胺 +有机硅 Silwet 408 | 2 龄幼虫 | 24 | $y=1.103\,4x + 4.265\,6$ | 0.953 8 | 4.63 | 21.12a |
| | | 48 | $y=1.231\,5x + 4.364\,7$ | 0.967 4 | 3.28 | 18.41b |
| | 4 龄幼虫 | 24 | $y=1.320\,3x + 3.952\,9$ | 0.954 3 | 6.21 | 14.23c |
| | | 48 | $y=0.964\,2x + 4.268\,3$ | 0.973 1 | 5.74 | 11.96d |
| | 6 龄幼虫 | 24 | $y=1.118\,4x + 3.890\,4$ | 0.928 7 | 9.82 | 9.49d |
| | | 48 | $y=0.963\,5x + 4.123\,1$ | 0.957 2 | 8.13 | 6.34e |
| 氯虫苯甲酰胺 | 2 龄幼虫 | 24 | $y=1.203\,7x + 4.074\,8$ | 0.981 7 | 5.87 | — |
| | | 48 | $y=1.062\,8x + 4.357\,8$ | 0.923 6 | 4.02 | — |
| | 4 龄幼虫 | 24 | $y=1.281\,3x + 3.898\,4$ | 0.962 9 | 7.24 | — |
| | | 48 | $y=0.987\,6x + 4.195\,8$ | 0.945 2 | 6.52 | — |
| | 6 龄幼虫 | 24 | $y=1.061\,7x + 3.900\,7$ | 0.934 6 | 10.85 | — |
| | | 48 | $y=0.927\,8x + 4.129\,2$ | 0.961 4 | 8.68 | — |

### 6.5.2.3　有机硅 Silwet 408 助剂对氯虫苯甲酰胺田间防效的增效作用

试验于儋州那大镇六坡玉米地进行，试验时玉米处于小喇叭口期，草地贪夜蛾发生严重，试验设置 200g/L 氯虫苯甲酰胺悬浮剂 1 000 倍液、200g/L 氯虫苯甲酰胺悬浮剂 1 000 倍液 +0.05% 有机硅 Silwet 408 助剂和清水对照 3 个处理，每处理重复 3 次，每小区 30m²，各小区设置保护行，小区采用随机区组排列。于 2020 年 4 月 29 日施药，施药当天天气较好，施药前进行虫口基数调查。

采用全国农业技术推广服务中心关于印发《草地贪夜蛾测报调查方法（试行）》的通知中的调查办法，分别于施药后 1d、3d、5d、10d 调查虫口数，计算虫口减退率和防治效果。

$$R=（N_b － N_a）/N_b×100\%　　　　（6-6）$$

式中，$R$ 为虫口减退率（%）；$N_b$ 为药前虫口基数；$N_a$ 为药后虫口基数。

$$E=（R_t － R_c）/（1 － R_c）×100\%　　　　（6-7）$$

式中，$E$ 为田间防治效果（%）；$R_t$ 为处理区虫口减退率；$R_c$ 为对照区虫口减退率。

田间药效试验发现，氯虫苯甲酰胺对草地贪夜蛾具有较好的田间防效，有机硅 Silwet 408 助剂可提高药剂对草地贪夜蛾的田间防效（表 6-7）。单独施用氯虫苯甲酰胺时，药后 1d、3d、5d、10d 的防效分别为 85.07%、89.20%、96.01%、93.45%。添加有机硅 Silwet 408 助剂后，药后 1d、3d、5d、10d 的防效分别为 93.20%、94.60%、93.52%、89.85%，防效增（减）率介于 2.67% ～ 9.56%。

表 6-7　添加 0.05% 有机硅 Silwet 408 助剂对氯虫苯甲酰胺的田间防效增效作用

| 处理 | 稀释倍数 | 虫口基数（头） | 防效（%） | | | |
|---|---|---|---|---|---|---|
| | | | 药后 1d | 药后 3d | 药后 5d | 药后 10d |
| 氯虫苯甲酰胺 + 有机硅 Silwet 408 | 1 000 倍 | 88.00 | 93.20±2.04a | 94.60±3.00a | 96.01±3.87a | 93.45±2.80a |
| 氯虫苯甲酰胺 | 1 000 倍 | 66.33 | 85.07±3.16b | 89.20±1.69b | 93.52±0.70a | 89.85±2.67a |
| 增（减）率（%） | | | 9.56 | 6.05 | 2.67 | 4.01 |

农药在喷施过程中，由于药剂理化性质和靶标表面性能不一样，且容易受到环境条件的影响，致使农药的利用率较低。农药助剂由于其良好的润湿性、分散性，可显著提高药剂的防效。近些年，随着喷雾助剂的开发，越来越多的农药助剂用于有害生物的防治工作中。有机硅助剂是生产上应用较为广泛的增效助剂，对防治小菜蛾、菜青虫、稻纵卷叶螟等具有增效作用。添加有机硅 Silwet 408 助剂可显著增大药剂的扩展直径，提高药剂在玉米叶片上的持留量，对氯虫苯甲酰胺防治草地贪夜蛾具有较好的室内毒力及田间防效增效作用。添加有机硅助剂 Silwet 408 后，药剂扩展增加 45.31% ～ 73.15%，药液持留量增加 18.58% ～ 77.64%，室内毒力增效 6.34% ～ 21.12%，这与杨石有等（2019）、张忠亮等（2015）研究结果相似。田间防效增效 2.67% ～ 9.56%，较王勇庆等（2019）、胡飞等（2020）相同剂型下氯虫苯甲酰胺防效有一定提高，这可能与有机硅助剂增加了药剂在玉米叶片上的持留量有关。

助剂对高浓度药剂扩展直径和持留量的增加比例较低浓度明显，这可能是助剂降低了药剂的表面张力，从而增加了药剂的扩展直径和持留量。药剂扩展直径增大，有助于药剂在靶标表面的润湿展布，但扩展直径过大，反而会使药剂不容易在靶标表面固定，造成药剂滑落。本研究添加 0.05% 有机硅 Silwet 408 助剂后药剂持留量有所增加，说明添加浓度适中。药剂在靶标表面的持留量除与药剂理化性质有关外，还和植物表面的茸毛密度有关，Brewer et al.（1997）认为，茸毛分布稀疏的叶面有利于药剂的持留，而茸毛密集的叶面因具有较高的疏水性而不利于药剂的稳定黏附。本研究发现添加助剂后，药液在大喇叭口期叶片上的持留量较小喇叭口期叶片和苗期嫩叶的持留量高，这可能是助剂降低了药剂的接触角，有利于药剂的黏附。室内毒力增效试验发现，助剂对低龄幼虫的增效作用较高龄幼虫明显，这可能与高龄幼虫体内解毒酶活性较高有关，从而降低了药剂到达靶标位点的剂量。田间试验发现，添加助剂可提高氯虫苯甲酰胺防治草地贪夜蛾的速效性，与未添加助剂药后 1d 和 3d 的防效差异显著，这可能是由于有机硅 Silwet 408 助剂提高了药剂对草地贪夜蛾体壁的穿透能力或增加了药剂在体内的转运速度，从而缩短了药剂到达靶标位点的时间。

# 参考文献

陈万斌，李玉艳，王孟卿，等，2019.草地贪夜蛾的昆虫病原微生物资源及其应用现状［J］.植物保护，45（6）：1–9，19.

崔浩然，张茹悦，李晓影，等，2020.基于全线粒体基因组的草地贪夜蛾系统地位探究及其防控建议［J］.植物保护，46（1）：46–50.

冯建国，郁倩瑶，孙陈铖，等，2016.农药控释剂的研究与应用进展［J］.中国农业大学学报，21（8）：67–76.

郭井菲，何康来，王振营，2019.草地贪夜蛾的生物学特性、发展趋势及防控对策［J］.应用昆虫学报，56（3）：361–369.

郭井菲，静大鹏，太红坤，等，2019.草地贪夜蛾形态特征及与3种玉米田危害特征和形态相近鳞翅目昆虫的比较［J］.植物保护，45（2）：7–12.

郭井菲，张永军，王振营，2022.中国应对草地贪夜蛾入侵研究的主要进展［J］.植物保护，48（4）：79–87.

郭井菲，赵建周，何康来，等，2018.警惕危险性害虫草地贪夜蛾入侵中国［J］.植物保护，44（6）：1–10.

何莉梅，葛世帅，陈玉超，等，2019.草地贪夜蛾的发育起点温度、有效积温和发育历期预测模型［J］.植物保护，45（5）：18–26.

侯峥嵘，孙贝贝，刘先建，等，2020.大红犀猎蝽对草地贪夜蛾3龄幼虫捕食功能反应［J］.植物保护学报，47（4）：852–858.

黄潮龙，汤印，何康来，等，2020.双斑青步甲幼虫对草地贪夜蛾幼虫的捕食能力［J］.中国生物防治学报，36（4）：507–512.

姜玉英，刘杰，吴秋琳，等，2021.我国草地贪夜蛾冬繁区和越冬区调查［J］.植物保护，47（1）：212–217.

姜玉英，刘杰，谢茂昌，等，2019.2019年我国草地贪夜蛾扩散危害规律观测［J］.植物保护，45（6）：10–19.

姜玉英，刘杰，朱晓明，2019.草地贪夜蛾侵入我国的发生动态和未来趋势分析［J］.

中国植保导刊，39（2）：33-35.

李钊，刘建辉，杨敏芳，等，2023.云南省玉溪市草地贪夜蛾发生动态及特点［J］.中国植保导刊，43（2）：43-46，55.

林丹敏，黄德超，邵屯，等，2020.不同生育期玉米上草地贪夜蛾的发生危害规律［J］.环境昆虫学报，42（6）：1291-1297.

刘博，李志红，郭韶堃，2022.草地贪夜蛾入侵机制概述［J］.植物保护学报，49（5）：1313-1328.

刘杰，姜玉英，刘万才，等，2019.草地贪夜蛾测报调查技术初探［J］.中国植保导刊，39（4）：44-47.

刘思敏，汪永乾，汤金荣，等，2023.不同波长光照对草地贪夜蛾成虫趋光行为及视蛋白表达量的影响［J］.植物保护，49（2）：176-183.

卢辉，符瑞学，唐继洪，等，2021.无人机防控周年繁殖区草地贪夜蛾效果初探［J］.中国植保导刊，41（2）：83-86.

卢辉，唐继洪，吕宝乾，等，2021.海南冬季玉米种植区草地贪夜蛾种群动态调查［J］.热带作物学报，42（6）：1764-1769.

孟令贺，江幸福，李平，等，2022.不同光周期下草地贪夜蛾两性生命表的比较［J］.植物保护，48（3）：63-73.

潘兴鲁，董丰收，芮昌辉，等，2020.我国草地贪夜蛾应急化学防控风险评估及对策［J］.植物保护，46（6）：117-123.

彭国雄，张淑玲，夏玉先，2019.杀虫真菌对草地贪夜蛾不同虫态的室内活性［J］.中国生物防治学报，35（5）：729-734.

彭蓉，孙晓燕，王一凡，等，2023.重大入侵害虫草地贪夜蛾的防治研究进展［J］.华中师范大学学报（自然科学版），57（1）：140-151.

齐国君，钟文东，陈婷，等，2022.广东省草地贪夜蛾种群周年动态及发生特征［J］.环境昆虫学报，44（4）：792-799.

邱良妙，黄晓燕，杨秀娟，等，2019.福建省草地贪夜蛾入侵动态监测与药剂防治技术研究［J］.福建农业学报，34（12）：1426-1432.

苏湘宁，章玉苹，黄少华，等，2020.基于性信息素诱捕的广东草地贪夜蛾发生动态及多生物防治因子组合对其控制效果评价［J］.环境昆虫学报，42（6）：1330-1337.

唐继洪，卢辉，吕宝乾，2022.海南草地贪夜蛾高空诱虫灯诱虫动态监测与分析［J］.热带农业科学，42（1）：51-55.

唐璞，王知知，吴琼，等，2019.草地贪夜蛾的天敌资源及其生物防治中的应用［J］.应用昆虫学报，56（3）：370-381.

唐雪，2022.不同食料对草地贪夜蛾生长发育、能源物质及飞行能力的影响研究［D］.贵阳：贵州大学.

唐雪，吕宝乾，卢辉，等，2022.草地贪夜蛾幼虫自残捕食量分析［J］.环境昆虫学报，44（3）：523-529.

唐艺婷，王孟卿，李玉艳，等，2019.捕食性螨防治草地贪夜蛾的研究进展［J］.中国生物防治学报，35（5）：682-690.

王纯枝，郭安红，张蕾，等，2023.草地贪夜蛾发生潜势的气象适宜度等级预报［J/OL］.生态学杂志：1-13.

王磊，陈科伟，钟国华，等，2019.重大入侵害虫草地贪夜蛾发生危害、防控研究进展及防控策略探讨［J］.环境昆虫学报，41（3）：479-487.

王树叶，2023.草地贪夜蛾的发生特点及绿色防控技术研究进展［J］.世界热带农业信息（3）：42-43.

王亚如，蔡香云，王锦达，等，2020.重大入侵害虫草地贪夜蛾的研究进展［J］.环境昆虫学报，42（4）：806-816.

吴孔明，2020.中国草地贪夜蛾的防控策略［J］.植物保护，46（2）：1-5.

吴秋琳，姜玉英，吴孔明，2019.草地贪夜蛾缅甸虫源迁入中国的路径分析［J］.植物保护，45（2）：1-6.

吴若蕾，金化亮，苏锦辉，2021.福建龙海草地贪夜蛾发生动态及性诱剂诱捕器应用效果评价［J］.中国植保导刊，41（3）：36-40.

冼继东，陈科伟，王磊，等，2019.外来入侵新害虫草地贪夜蛾调查监测方法探讨［J］.环境昆虫学报，41（3）：503-507.

肖爱丽，赵文新，彭红，等，2022.防治玉米草地贪夜蛾药剂筛选试验［J］.中国植保导刊，42（5）：54-56.

闫三强，吕宝乾，唐继洪，等，2021.不同波长诱虫灯对3种玉米害虫的诱集作用［J］.中国植保导刊，41（3）：49-53.

杨淋凯，朱小芳，钱秀娟，等，2021.甘肃省5种昆虫病原线虫对草地贪夜蛾的致病力测定［J］.草业科学，38（10）：2069-2076.

杨普云，朱晓明，郭井菲，等，2019.我国草地贪夜蛾的防控对策与建议［J］.植物保护，45（4）：1-6.

张海波，王凤良，陈永明，等，2020.核型多角体病毒对玉米草地贪夜蛾的控制作用研究［J］.植物保护，46（2）：254-260.

张曼丽，曾庆朝，周洋，等，2022.海南省草地贪夜蛾发生规律和防控策略初探［J］.植物保护，48（1）：234-239，245.

BRADSHAW C J A，LEROY B，BELLARD C，et al.，2016. Massive yet grossly underestimated global costs of invasive insects [J]. Nature Communications, 7: 1–8.

CHAPMAN J W, DRAKE V A, REYNOLDS D R, 2011. Recent insights from radar studies of insect flight [J]. Annu. Rev. Entomol., 56: 337–56.

CHEN R L, BAO X Z, DRAKE V A, et al., 1989. Radar observations of the spring migration into northeastern China of the oriental armyworm moth, *Mythimna separata*, and other insects [J]. Ecological Entomology, 14 (2): 149–162.

CHEN Y C, CHEN D F, YANG M F, et al., 2022. The effect of temperatures and hosts on the life cycle of *Spodoptera frugiperda* (Lepidoptera: Noctuidae) [J]. Insects, 13 (2): 211.

COGNI R, FREITAS A V L, AMARAL FILHO B F, 2002. Influence of prey size on predation success by *Zelus longipes* L. (Het., Reduviidae) [J]. Journal of Applied Entomology, 126 (2/3): 74–78.

FU X W, LIU Y Q, LI C, et al., 2014. Seasonal migration of *Apolygus lucorum* (Hemiptera: Mirida e) over the Bohai Sea in Northern China [J]. Journal of Economic Entomology, 107 (4): 1399–1410.

GOPALAKRISHNAN R, KALIA V K, 2022. Biology and biometric characteristics of *Spodoptera frugiperda* (Lepidoptera: Noctuidae) reared on different host plants with regard to diet [J]. Pest Management Science, 78 (5): 2043–2051.

MOLINA-OCHOA J, Carpenter J E, Heinrichs E A, et al, 2003. Parasitoids and parasites of *Spodoptera frugiperda* (Lepidoptera: Noctuidae) in the Americas and Caribbean Basin: an inventory [J]. Florida Entomologist, 86 (3): 254–289.

NACHAPPA P, BRAMAN S K, GUILLEBEAU LP, et al., 2006. Functional response of the tiger beetle *Megacephala carolina* Carolina (Coleoptera: Carabidae) on two lined spittlebug (Hemiptera: Cercopidae) and fall armyworm (Lepidoptera: Noctuidae) [J]. Journal of Economic Entomology, 99 (5): 1583–1589.

PAIR S D, RAULSTON J R, WESTBROOK J K, et al., 1991. Fall armyworm (Lepidoptera: Noctuidae) outbreak originating in the Lower RioGrandeValley1989 [J]. Florida Entomologist, 4 (2): 200–213.

PASHLEY D P, 1986. Host-associated genetic differentiation in fall armyworm (Lepidoptera: Noctuidae): a sibling species complex? [J].Annals of the Entomolegical Society of America, 79 (6): 898–904.

PRASANNA B M, HUESING J E, EDDY R E, et al., 2018. Fall Armyworm in Africa: a guide for integrated pest management [R]. Wallingford: CAB International.

TAY W T, MEAGHER R L, CZEPAK C G, et al. , 2022. *Spodoptera frugiperda*: ecology, evolution, and management options of an invasive species [J]. Annual Review of Entomology, 68: 299-317.

WANG W, HE P, ZHANG Y, et al., 2020.The population growth of *Spodoptera frugiperda* on six cash crop species and implications for its occurrence and damage potential in China [J]. Insects, 11 (9): 639.

YE J W, XU Q Y, LI Z G, et al. , 2014. Effect of cannibalism on the growth and development of *Mallada basalis* (Neuroptera: Chrysopidae) [J]. Florida Entomologist, 97 (3): 1075-1080.